U0311764
百变物语：
RUMI的超人气
快手编发60例
RUMI
HAIR
ARRANGE
BOOK
［日］土田瑠美（RUMI）著
张晶晶 译

人 民 邮 电 出 版 社

北 京

WHO IS RUMI ?
RUMI是谁？

RUM(I 土田瑠美)最初是在社交网络上上传发型照片，引起了广泛的关注，现在已经拥有24万粉丝，成为了发型创意的潮流达人。她的粉丝都称赞她"风格不做作，看起来很可爱。""她的装扮总是潮得不那么刻意。""有种独一无二的感觉""饰品用得很时尚。""简约风格的大神级人物！"……不止是在她的家乡——福冈，不管是专业模特还是有名的读者模特，时尚人士们都非常喜欢她，因此RUMI在很多女性杂志都做过时尚特辑。去年5月，RUMI出版了她的第一本发型书《*RUMI 1st HAIR ARRANGE BOOK*》。然而她不只是在发型上，女性们连她的生活风格都非常喜欢，甚至争相模仿。这就是本书作者，Daisy美容店的首席形象设计师土田瑠美。

前言

“今天穿什么衣服呢？”
“化什么样的妆？”
“在头发上戴什么饰品呢？”

站在镜子前，
我们都会搭配当天要穿的衣服，
想象着将要发生的情景，去设计自己的发型。

改变发型可以让自己跟平时不一样，
这种变化让人兴奋不已。

但是我觉得，如果能再掌握一些诀窍，
下下工夫，稍加努力，
这种努力让自己变得更好的想法，
会让女性朋友更快乐更闪耀。

如果能通过这本书
帮助您创造出美好的邂逅，
让这一天变成特别的一天，
我将十分荣幸。

土田瑠美

CONTENTS

掌握简单的基础技巧！

手把手教会你

\ 首先 /

CHECK！RUMI创意宗旨

只需一点小技巧，
就能让发型更持久、更漂亮，
接下来将介绍关于发型创意的
RUMI宗旨。

宗旨 1

没必要使用太难的技巧！

发型只是简单技巧的组合

RUMI的发型看起来特别复杂，实际上只是把公主头、编发和丸子头组合起来，是不是很意外呢。所以，只要学会了基础技巧，运用起来其实很简单。

宗旨 2

头发的表面要有起伏！

认真梳头、大胆破坏

想让发型拥有不做作的自然风格，就要在认真做好造型以后把一部分发束抽出来。因为如果一开始就梳得过于松散，头发则会很容易松开。在抽头发的时候，要注意总体平衡来随机制造起伏。

RUMI的创意基本功 

从基础开始分步详解，再现RUMI自然不做作的时尚造型！看起来虽然很难，但其实掌握了窍门就会很简单！

宗旨 3

让头发有风格不是让它变鸟窝！

散发和刘海都要卷好

在做好发型以后，一定要记得把剩余的散发和刘海都卷出弧度，这样才是自然卷发造型。这是这一步，也是造型成功的关键。

宗旨 4

不仅要夹好还要藏好……

使用一字夹要随机应变

每个人的发量和发质是不同的，所以即使有些发型不需要使用一字夹，也要随机应变。只要能固定住头发，用多少一字夹都是OK的。如果有些一字夹没办法藏好，可以用其他发饰掩盖一下。

宗旨 5

左右两边、脑后、皮筋附近……

改变发饰的位置

我们一般会习惯把带有装饰的发夹、皮筋固定在扎头发的皮筋上。只要改变习惯，把这些固定在两侧或者发辫上，就可以制造出不一样的风格，让发型更具新鲜感。

01

Basic Arrange

不管是保持原样还是加点创意都可爱！

波浪卷

这次RUMI发型创意的基础造型是从头顶就开始卷波浪。这样的卷是直发板卷出来的，就算是手笨的女生也能轻松完成。

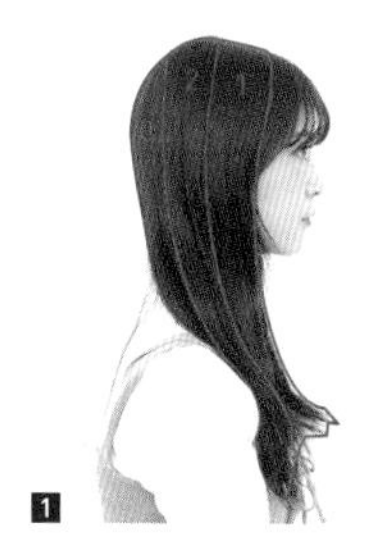

1 把左右的头发分别梳成三等份。直发板的温度设置在160°~180°。

2 取出最前面的发束，从耳朵上方的位置向内卷，保持3秒钟。

3 夹住刚才的发束向下滑动5cm，然后向外卷。

4 第3步完成后继续在刚才烫出的卷下方向内卷。

5 接着从第4步中的发卷向下滑，向外卷，要耐心烫出弧度来。

6 在发梢部分随机卷出内卷或者外卷，这样可以让发量看起来显得很多。

7 完成好的发卷如图。就好像画出来的波浪一样。

8 取旁边的发束，按照第2~第5步的顺序再卷一遍。

9 第一个卷一定要向内卷，发梢一定要向外卷。

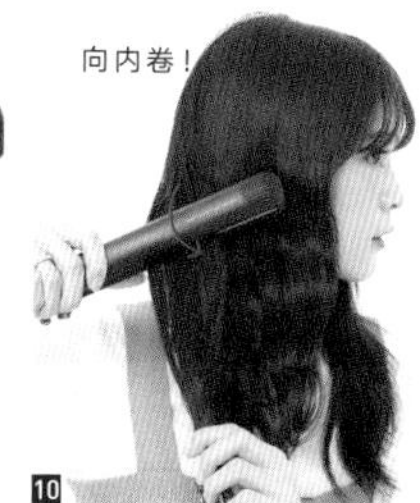

10 脑后的发束也同样参考第3~第5步，发梢向内卷。

11 脑后的发束不太好卷，可以把发束拉到两侧去卷。

12 将另一边的发束按照刚才的步骤卷出造型。

13 表面上的头发可以随机上卷，不用全部卷出来。

14 头顶后方的头发也可以拉到两侧去卷。

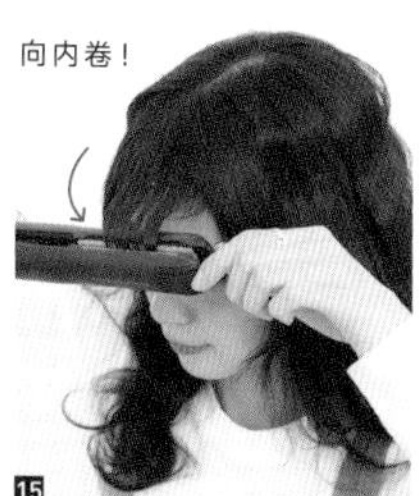

15 刘海的头发要从根部开始夹起，一边往下滑一边制造出弧度。

16 为了防止发型会乱，可以在头发中部到发梢之间喷上定型喷雾。

17 这种发型不需要去把头发打乱，直接造型即可。

Basic Arrange 02

虽然简单但很实用！

万能韩式盘发

只要扎起马尾再把马尾穿过头发就能创造立体的造型。这款发型不需要任何技巧也能看起来很时尚，特别适合初学者和赶时间的人！

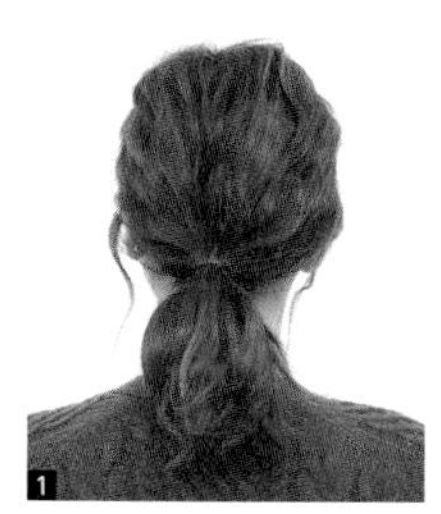

1 把所有头发扎起来，尽量扎得紧一些才能保证不会散开。

2 用手指在皮筋上方正中挖一个洞。

3 为了让发束更容易通过，把手指从洞的下方穿到上方。

4 把扎好的马尾放在穿过头发的手指里，从皮筋外侧拉到内侧。

5 如果发现发束不好通过，可以将皮筋向下拉，松一松皮筋。

6 将马尾拉到头后面，在皮筋附近拉出一些发束。

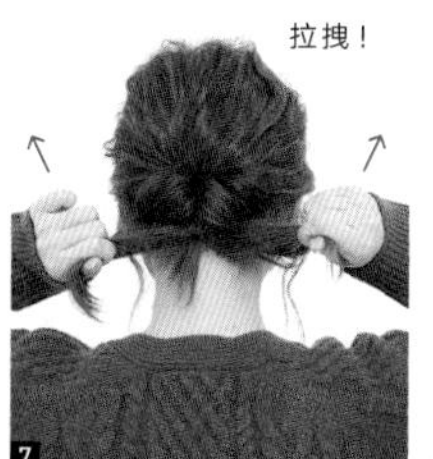

7 把马尾分成两部分，抓住两部分用力拉拽，让皮筋扎得更紧一些。

8 把皮筋上方到头顶的头发抽出一部分，让脑后更立体。

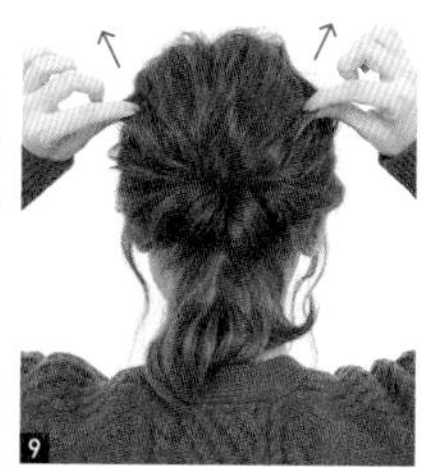

9 再把两边的头发抽出一些来。

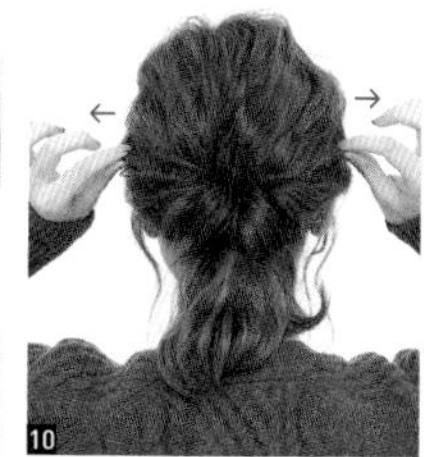

10 抽发束的时候要从外侧开始，慢慢延伸到内侧。

11 每隔2~3mm就抽出一些发束，让整体平衡。

12 用直发板夹住刘海，向内卷。

13 卷好散落的少量头发。

14 用指尖取少量发蜡抹在刘海发梢，让发梢看起来是一束一束的。

15 皮筋部分用线绑上蝴蝶结做装饰。

Basic Arrange 03

创造像编发一样的立体感★

法式捻绳造型

取两束头发一边交叉一边加入新的发束，
就像编绳子一样。这个技巧比编发稍显成熟，
简单、易学又精致。

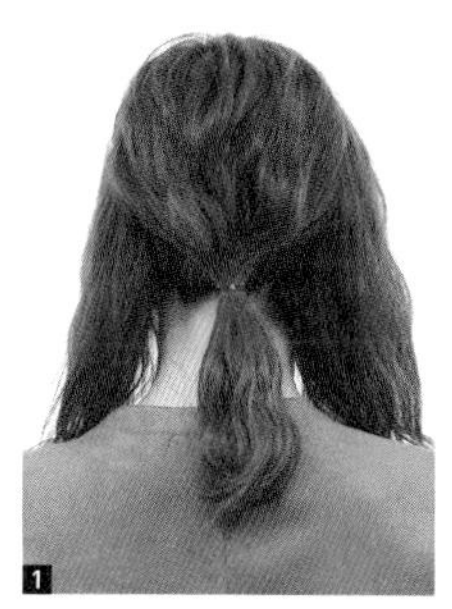

将头发整体分为三等份，中间的部分用细皮筋固定住。

取其中一边头发的表面部分，平均分成两束。

捻绳要从前往后编，所以从一开始就要确认捻好的头发是向后移动的。

在捻好的发束下面取少量新的发束。

把新发束扭转到原来的发束里面，就此完成一个循环。

重复第4~第5步的过程，直到所有发束都捻起来。

将第6步中捻好的发辫缠在中间部分的皮筋上。

用一字夹固定好。如果头发较长，可以将第6步中的发梢用皮筋固定好。

另一边的头发也按照上述顺序编好，也缠在第8步的皮筋上。

用一字夹把发梢隐藏好。

在皮筋固定的部分、头顶和两侧都抽出一些头发。

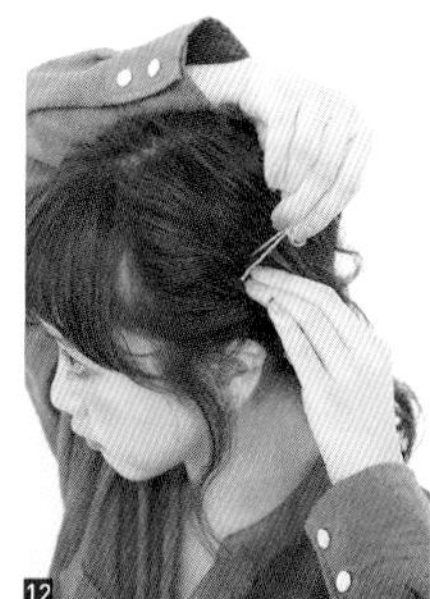

用一字夹将脑后和耳后的头发固定好，就能突出小脸效果了。

One Point Advice >>> 请选用硅胶制的皮筋，两根一起用更结实。

Basic Arrange 04

掌握了窍门就很简单！

鱼骨辫

RUMI觉得，这款发型只需要简单重复，比普通编发更简单。双鱼骨辫+帽子的造型会看起来更成熟，给好评！

把所有头发分成两部分，把其中一边的头发再分为二等份。

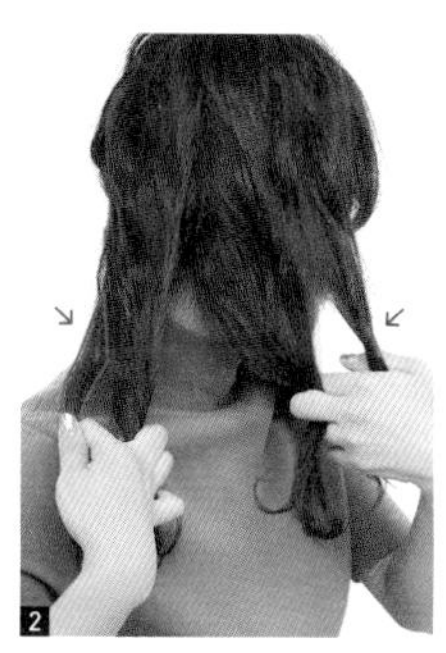

把分好的发束再次分成二等份，因此，一共是4股发束。

将最左侧的发束移动到中央，跟右侧中央的发束汇合。

将最右侧的发束移动到中央，跟左侧中央的发束汇合。

这样头发又变回两部分了，重新把头发分成4等份。

将最左侧的发束移动到中央，跟右侧中央的发束汇合。

将最右侧的发束移动到中央，跟左侧中央的发束汇合。

重复这些步骤，发梢要保留得多一些，用皮筋固定好。

固定好发梢后，用发梢处少量的头发卷在皮筋处。

卷好后，用一字夹从下而上固定好。

一手捏住发辫，一手弄散发辫。每股发束都抽出少量头发。

从发梢开始抽出头发会更好看。

实用小建议

One Point Advice ››› 要用带装饰的皮筋或发夹的时候，用发束遮住固定用的皮筋会很好看。

05

Basic Arrange

与当季时尚不谋而合

松散的麻花辫

麻花辫很符合当季流行的民族风。先编好再抽散，打造当季流行的慵懒风格！

1 将头发按照平时习惯的反方向分开，这样头顶的头发会很蓬松。

2 在脸部周围留下部分松散的头发，将其他头发拢到一边编成麻花辫。

3 编麻花辫的时候要编得紧一些，用皮筋固定好。

4 用发梢处的头发卷在皮筋处，遮住皮筋，再用一字夹固定好。

5 从后往前，将头顶处的头发抓松散，让发型更立体。

6 麻花辫也同样自下而上抽出头发。

7 为了不让发型整体过于松散，用定型喷雾喷一遍。

8 将梳子型的发饰固定在一侧就搞定了。

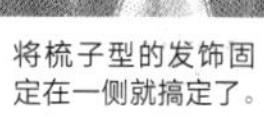

Basic Arrange 06

低调彰显自己的时尚感觉

慵懒马尾

这款发型如果梳不好就可能变成疯子头。
但只要掌握固定位置和两侧头发的处理方法，
就能马上成为尖端时尚人士！

1 扎马尾的位置要略高于后颈部。留下鬓角处的头发。

2 按住皮筋，抽出耳朵周边的头发，盖住一半耳朵。

3 将皮筋处到头顶和两边的头发都稍微抽出一些发束。

4 从马尾右侧取少量发束。

5 将第4步中的发束卷在皮筋处，用一字夹横向固定住。

6 在皮筋处用带装饰的皮筋再次固定好，增加华丽感。

7 用直发板处理刘海，让气质更柔和。

8 鬓角处留下的头发也要卷出波浪卷。

Basic Arrange 07

风格成熟简练的最新装扮！

脑后丸子头

看似随意，扎在脑后的丸子头，外观很简练的同时
不会显得孩子气，还能突出干净、利落的气质。
搭配手帕或发带会更时尚。

1 把所有的头发全部扎起来，扎马尾的时候不要把头发完全抽出来，留下一个发髻。

2 将第1步中留下的发梢卷在皮筋上。

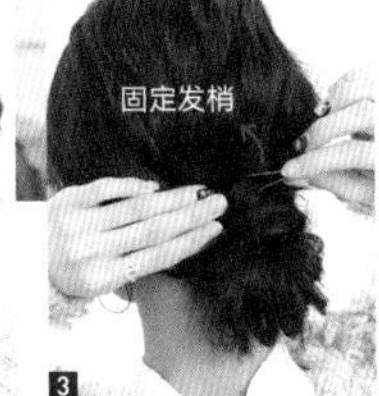

3 卷好的头发固定在发髻上。

4 固定发梢时，一字夹要由上而下插在头发里。

5 把手帕折成7cm左右的宽度绕在发髻上，如果手帕太长了可以打个结。

6 在打结处用一字夹把手帕固定在发髻上。

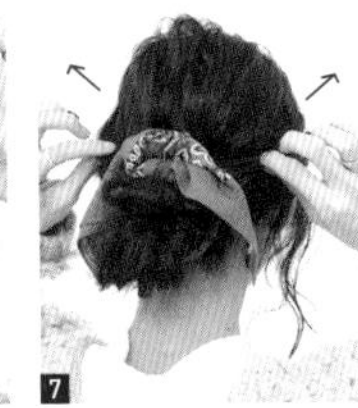

7 把头顶到两边的头发都抽出一些来，打造一些起伏。

8 将脸部周边的头发烫出波浪卷，发梢涂抹少量发蜡。

Cover Girl

高桥爱

AI TAKAHASHI
×
RUMI

土田瑠美

编发故事

这次的封面女郎是在杂志*mina*中作为模特出道的著名女演员，高桥爱小姐。
RUMI的发型创意更加凸显了她时尚又可爱的魅力，请继续阅读本书进行参考。

AI ARRANGE

高桥爱

造型

01

搭配手帕的知性马尾辫

即使是极其简单的马尾辫，也可以通过改变质感来打造利落干练的气质。用一字夹把刘海改造成可爱风，显得更加青春靓丽，给人一种别具一格的新感受。

1

拢起所有头发，马尾扎得高一些。在皮筋处上方抽出发束，让头顶看起来更高。

2

马尾辫的发梢用直发板烫出卷来。通过这一步可以让发型更有跃动感。

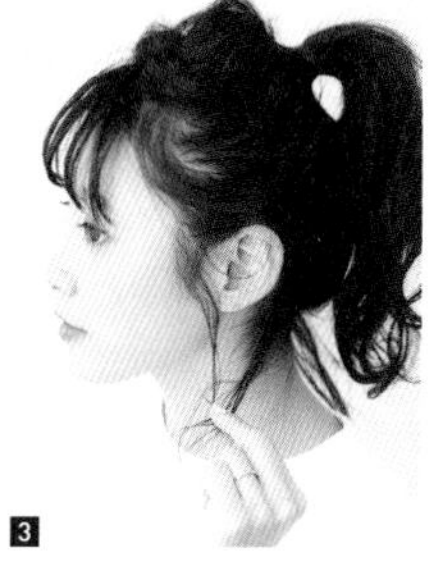

3

散落的头发就这样弄好了。用水性造型产品润湿。

4

将水性造型产品揉进马尾的发束中。

5

在皮筋处系上手帕。手帕先折成三角形，再折成7cm左右宽的长条。

6

刘海处的头发只留下薄薄一层，将表面的头发从中间分开，从左右两边分别拧到头顶，用一字夹固定住。

AI ARRANGE
高桥爱
造型
#02

只需捻几下就能完成的公主头

普通的公主头，也可以通过加入捻绳手法来避免过于保守的印象。既突出了女人味，又不会显得过于沉闷。让刘海看起来湿湿的，可以适当地让额头见见光。

1 留下脸部周围的头发。取鬓角位置的头发，分成两部分一边捻一边向后扭转。

2 按照捻绳技法把所有的头发都捻起来，最后在脑后用一字夹固定好。另一侧也同样。

3 两边都完成以后，尽量让两个一字夹固定在头一位置。用手指从做好的发型中抽出部分头发制造起伏。

4 将水性造型产品在手中延展开，然后抓进头发里。

5 将头顶的头发从后方向前抽取。让整体造型看起来更圆润。

AI ARRANGE
高桥爱
造型

#03

位置较高的帅气公主头

湿漉漉的质感 × 扎在较高位置的公主头，搭配简单的T恤刚刚好。头部两边装饰上三角形的发夹，让你更显火辣帅气。

1 在较高的位置扎个小马尾。扎的时候记得把刘海也一起扎起来，让一些较短的头发散落下来。

2 取少量小马尾中的发束，卷在皮筋处，遮住皮筋，用一字夹固定好。

3 从头顶随机抽出一些头发，制造起伏，打造自然不造作的形象。

4 用水性造型产品进行造型。用延展好造型剂的双手抓揉头发，增加空气感。

COVER GIRL TALK
封面女孩面对面

AI TAKAHASHI × RUMI TSUCHIDA

高桥爱 土田瑠美

高桥爱（以下称为A）：其实我看过你的主页，也读过你在*mina* 的专栏，一直偷偷崇拜你呢。

土田瑠美（以下称为R）：啊？真的吗？太感谢了……

A：看到你本人以后，我发现你很懂礼貌、很体贴，更加崇拜你了。

R：我刚好也是这么想你的呢（泪）！第一次见你的时候（本次是第二次拍摄），前一天都紧张得睡不着了。但是小爱非常为我着想，让我能放松地进行拍摄。

A：你的手法特别熟练，我都看不出你紧张了（笑）。我还受你的影响，买了直发板，现在正认真练习怎么夹波浪卷呢。

R：小爱发质好，直发板很容易就烫上卷了，很适合做发型哦。

A：真的吗？但是把握整体造型好难啊。有时候做好了一照镜子，发现"哎呀？怎么乱七八糟的？"（笑）

R：用直发板烫卷的窍门就是一定要扎实。多试几次就可以抓住整体感觉啦。

A：原来如此。这次我一直在观察RUMI小姐的一举一动，想要记下来回去学一学呢。但是一聊天就给忘了（笑）。所以我还是看你写的书吧。

R：请一定要试试！坚持下去就一定可以做出好发型。

A：RUMI小姐帮我做的每个造型，我都很喜欢。深刻地感受到，原来发型也是时尚的一部分呀。

R：我觉得只有发型、化妆和服装搭配都结合在一起，才是100分。

A：原来这就是时尚达人的秘密！

PROFILE 高桥爱作为早安少女组第五期成员，她在组合里活跃了10年。她是早安少女组的第5代队长，也是HelloProject的队长。她的时尚触觉也非常敏锐，因此也是时尚杂志里的著名模特。她在时尚搭配APP"WEAR"中的粉丝突破了140万人！

高桥爱×RUMI的

7天简单造型日记
7DAYS DIARY

DAY_01 | 小型party

知性
可爱风格的发髻

露出额头的清爽发型，然后在一侧用成熟可爱的发饰作为点缀。

把所有的头发都烫出波浪卷。在两边鬓角留取少量头发。

将所有头发分成3部分，把右侧的头发编起来，顺便把右侧的刘海也编进去，编成一条长麻花辫。

左侧也进行同样加工以后，用皮筋固定住。再把脑后剩下的头发扎成丸子头。

把一侧的麻花辫自下而上绕在丸子头上，用一字夹固定好发梢。

另一侧也进行同样加工，用一字夹固定。再在一侧别上发夹。

用发夹别出一颗心好甜美

男孩子气的牛仔搭配，用发夹和爱心来中和。

留取少量刘海，将其他所有刘海全部拧到额头上方，用一字夹固定。

把第1步中的发梢和头顶部的头发全都扎起来。在皮筋处戳个洞，把整把头发穿过去。

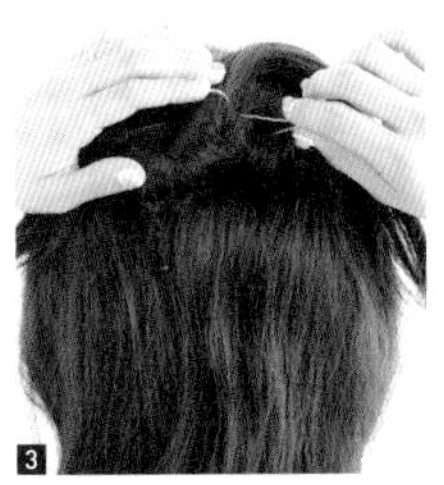

把分成两份的发束围成一个心形，再用皮筋扎起来。

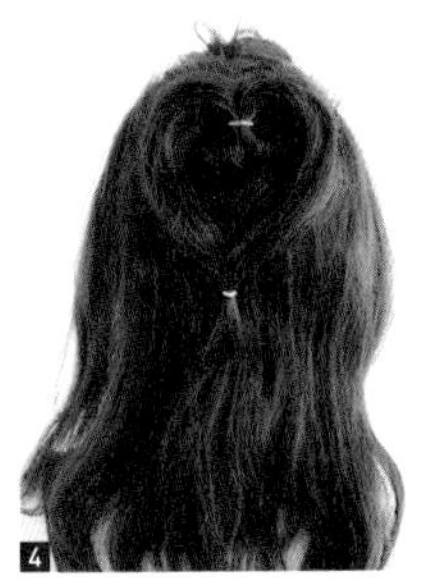

把分成两边的发束围成一个心形，再用皮筋扎起来。

把第4步中的发束和剩下的头发一起扎成麻花辫，再使用彩色发夹遮住皮筋。

[SIDE]

[BACK]

实用小建议

One Point Advice ··· 头顶处一定要蓬松，不然看起来不时尚。刘海处也要处理得蓬松一些。

4F
3F
2F-a
2F-b
1F-a
1F-b
B1F

DAY_03 | 在咖啡馆小憩

发带×捻绳编发 打造随意造型

中性风的迷彩服搭配，可以用发带来打造放松的感觉。

[SIDE]

[BACK]

1 戴上发带，留出刘海、两鬓和耳后的头发，盖住一半耳朵。

2 将耳朵上方的头发分成左右两边，把左边的头发扭转到脑后。

3 捻头发的时候一定要注意不要太紧，要保持蓬松的感觉。从下方用一字夹固定好。

4 另一边也按照同样的方式捻好，用一字夹固定。从各个部分抽出头发，制造蓬松的起伏。

5 剩下的头发全部编成麻花辫，发梢卷成鸭嘴的样子再用皮筋固定好。

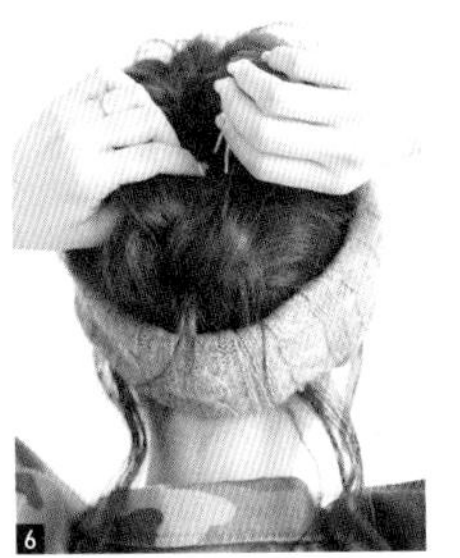

6 将发束向上卷，注意遮住皮筋，从上方用一字夹固定。

Day_04 | 跟闺蜜闲聊

慵懒丸子头×发饰

高高地扎在头顶的慵懒丸子头。尝试在不同的位置别上发夹，给人的感觉也会不一样哦。

[FRONT]

[BACK]

1 将刘海也一同扎起，绑在正对耳朵的头顶，把发尾放在刘海的位置上。

2 从第1步的发尾中拿出细细的一束头发，在丸子底部绕一圈遮住橡皮筋，再用一字夹固定。

3 将后脑处多余的头发用一字夹自下而上固定好。

4 将第1步中留在刘海处的发尾用水性发蜡整理成较短的斜刘海

发夹别在后面！

实用小建议

One Point Advice >>> 发夹想别在哪里就别在哪里，不要被固定概念束缚了哟！别在跟平时不一样的位置会让人眼前一亮！

发夹别在前面！

Day_05 | 上班第一天

位置较低的高雅盘发

用厚刘海×位置较低的盘发做出清爽利落的造型，搭配眼镜更能体现知性形象。

1 用手将一部分头发梳到前面，整理成1：9的厚刘海。

2 剩下的头发全都松散地扎在后脑处，扎成低马尾。扎马尾时，两边的头发松散地盖住耳朵即可。

3 在第2步的马尾上方分出一个洞，把马尾从外侧穿到内侧，做成简单的韩式盘发造型。

4 将马尾的头发用橡皮筋固定住，然后用手随机抽出一些发束。

5 把第4步中的马尾塞进刚才盘发的洞里，用一字夹固定住。

6 用一字夹固定住散落的头发，整理得利落一些。最后在发髻上别上发夹。

Day_06 | 外出购物

独特的三股辫

三股辫编得紧一些看起来更潮。戴上草帽，就能搭配出当季时尚造型。

1 把所有头发中分，留取少量刘海在额头上。

2 将耳后的头发扎成小辫子，把发绳固定在一字夹上，再将一字夹插在小辫子根部。

3 连同第2 步中的发绳一起，将剩下的头发从耳朵上方开始全都编成三股辫。

4 将第3 步中编好的发尾固定好后，用剩下的发绳在发尾处多绕几圈，盖住橡皮筋。

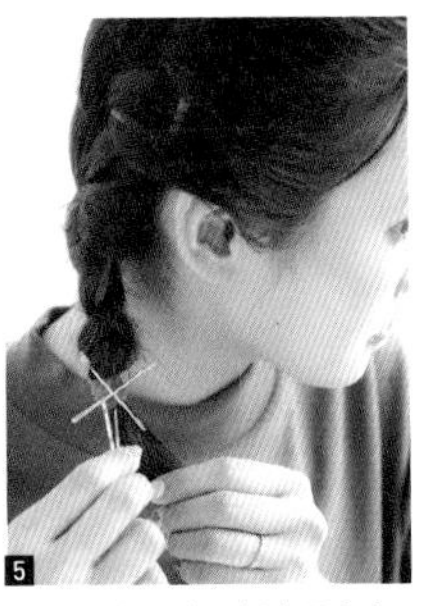

5 发绳绕好后交叉插上两个金色的一字夹做装饰。

[SIDE]

[BACK]

连环编发

连同刘海在头顶束起马尾，耳朵上方的头发可以故意扎的松散些。

1 连同刘海在头顶扎起马尾，耳朵上方的头发可以故意扎得松散些。

2 用彩色一字夹随机把掉下来的刘海固定在马尾根部。

3 拢起耳朵周围的头发，跟第1步中的马尾绑在一起。记得使用颜色不一样的橡皮筋。

4 重复第3 步的步骤，最后再在发尾和马尾根部之间扎一道橡皮筋。其他杂乱的头发全部用一字夹固定好。

实用小建议

One Point Advice >>> 造型过程中，使用水性造型产品看起来更时尚。

RUMI创意中不可或缺！ 我最爱的造型产品

推荐一些我最爱的造型产品，可以让打造发型更加容易、更加高端！

造型与保养
STYLING&CARE

右边的卷发造型喷雾用来打底，左边的体积感保持喷雾用来造型。（左：qufra体积感保持喷雾 右：同系列卷发造型喷雾）

这款造型产品具有绝妙的水性质感，在进行短发、bob头等无需卷发的造型时，是款对付杂毛的秘密武器。（Nigelle升级版造型发蜡 ）

想突出发量或发束感时，取适量在手中抹在头发上即可让头发看起来很丰盈。（UevoJouecara造型质感发乳）

这款产品有着发蜡和发油各自的优点，抹在头发上不会油腻，造型会很清爽。整体造型中需要一部分干爽造型时也可以使用。（the product 发蜡）

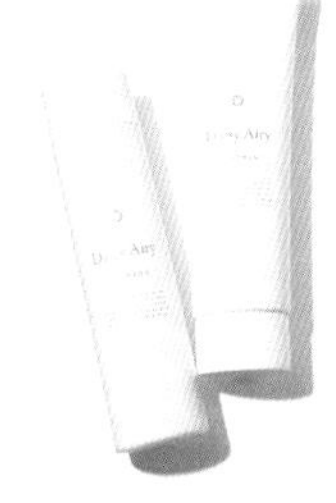

daisy的独家造型产品。从植物中提取的自然成分达到了90%以上，洗起来也非常舒服。（faisy洗发水同系列护发素）

工具TOOLS

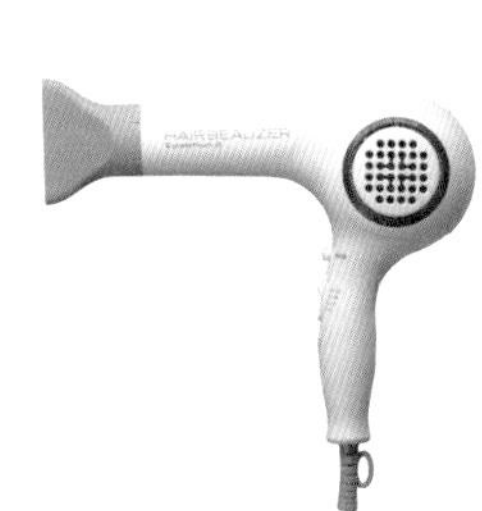

让人惊讶的吹风机，使用后会觉得头发变滋润了，不仅不会伤害头发，还能让头发变得柔顺。【hairbeauzer excellemium/LUMIELINA】

这款直发板是天生卷发的女孩子们不可或缺的单品。选用了最新陶瓷材料，不易伤发。【glam palm造型直发板/grosbec】

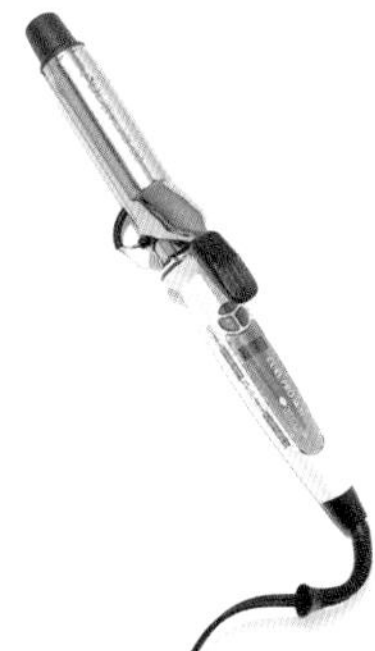

这是我常年使用的32mm卷发棒。可以用来卷发尾，或是做比较松散的mix卷发造型。【ion girl专业SR32mm/create】

一点小心思，让每天都快乐

改变风格的日常造型小创意

“虽然很简单，但看起来很时尚。”很多人都很想被人这样称赞，但其实这是很难的事情。不过，只要遵守一点就能成为这样的时尚达人，那就是“不要打扮过头”。现在就教给大家RUMI风格的潮范儿造型小创意。

answer : 01 / 08

一小段麻花辫

只编一小段麻花辫，让发束有些凹凸起伏，不止从背后看，从两侧看也一样时尚。

1 把所有头发分成三等份，扎一个稍低的麻花辫。

2 只需要编两股就可以用皮筋扎起来了。等一下还要从发辫里抽出发束，所以这时候要扎的结实一点。

3 抽出少许发束，制造起伏。两边的头发也轻轻地抽出一些，挡住一半耳朵。

answer : **02** ⁄ 08

用大手帕做装饰

空间感很强的大手帕是很流行的发饰，扎在发辫上会让发型更飘逸时尚。注意在固定手帕的时候不要把一字夹露出来。

1 扎一个位置稍低的马尾辫，最好扎在后颈部上方，会有很好的平衡感。

2 用指尖取少许发蜡，捏住发尖固定好。让刘海呈现出打湿的样子。

3 两边的头发抽出少许，盖住耳朵的一半。

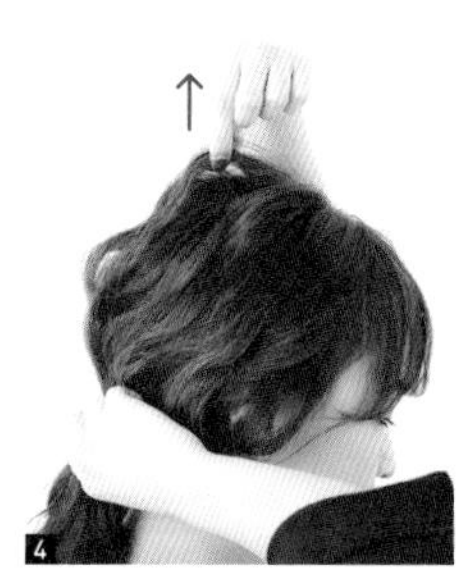

4 从头顶抽出少许发束，制造一些蓬松。左右两侧也都抽出一些头发。

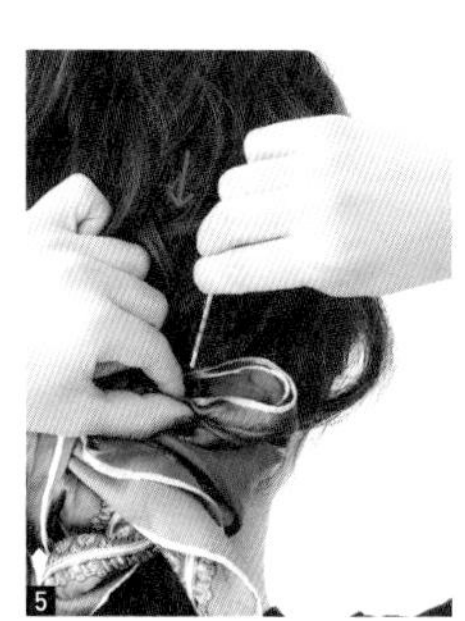

5 把大手帕系成蝴蝶结，从蝴蝶结内侧用一字夹固定好，最后把蝴蝶结整理好。

DAILY ARRANGE
HITOTSU MUSUBI

answer : **03** / 08

让头发更松散一些

比往常更低的马尾，可以凸显慵懒的气质。把辫子根部两边抽蓬松，会让发型更加休闲。

1

把马尾扎的比平时松散些。这次扎在后颈部稍低的位置。

2

捏住马尾根部的两侧向外抽，制造慵懒的感觉。这种不做作的手法会让发型显得更时尚。

3

抓住鬓角的头发，用发蜡造型。在马尾根部系上皮革绳蝴蝶结。

DAILY ARRANGE

HITOTSU MUSUBI

answer : 04 / 08

把所有头发都梳起来

把刘海也一起梳到后面，扎成符合慵懒心情的发型。
这款发型扎不好就会看起来很落魄，所以扎马尾时要注意头发的走向。

1 不要把头发一股脑都梳到后面，而是把所有头发7:3分开，一边注意留出缝隙一边往后梳。刘海用定型喷雾固定。

2 在耳后延长线处扎好马尾，把两边和头顶的头发抽松，制造不做作的自然氛围。

3 侧面的头发要盖住耳朵的一半，然后在耳后用造型简单的金属一字夹固定住，完成整个自然造型。

实用小建议

One Point Advice ››› 刘海短的女生可以用定型喷雾来将头发固定在头顶处。

DAILY ARRANGE
HITOTSU MUSUBI

answer : **05** / 08

让刘海更少一些

减少刘海的发量，打造婴儿般的可爱发型。如果发型太过凌乱会显得很邋遢，不要忘了要让头发有打湿的感觉。

1 用鸭嘴夹把所有头发都固定在后面，鸭嘴夹要横向夹住。

2 刘海内侧留1cm左右厚的发量，其他刘海都拧到后面，固定在鬓角处。

3 用指尖取少许发蜡，将刘海捻成自然的发束。

DAILY ARRANGE
HITOTSU MUSUBI

answer : **06** / 08

用自己的麻花辫做发夹

把一侧头发编成麻花辫，绕在马尾辫的根部。简单又讲究的造型，甚至不需要多加修饰！

1 将所有头发在脑后分成两部分，一部分的头发扎成马尾，另一部分编成麻花辫。

2 用皮筋将麻花辫扎好，向内侧折叠，藏好皮筋。

3 从扎好的麻花辫中抽出发束，制造自然地起伏，再把麻花辫盖在马尾根部。

4 用一字夹在图中所示的两个位置固定好麻花辫，再把头顶和两侧的头发抽出少许。

5 把刘海分为外侧和内侧两部分，用直发板把刘海向内卷，这样卷出来的发型会更牢固。

6 用手抓住卷好的刘海，抓得乱一些。这样可以制造出蓬松的空气感。

实用小建议

One Point Advice >>> 抽松头发的同时，用大拇指和食指慢慢向外抽，一次只抽出2~3mm的长度就好。

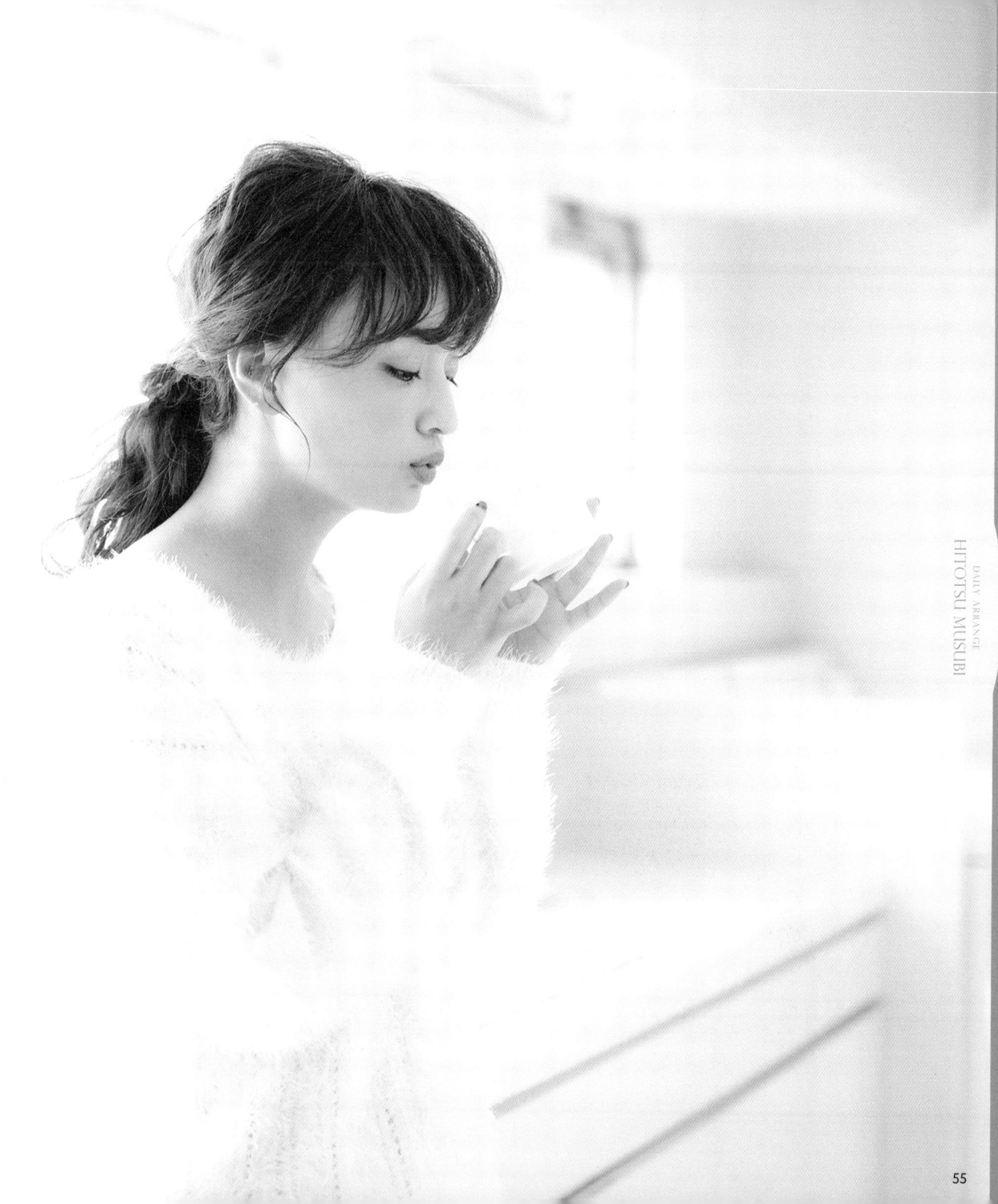
DAILY ARRANGE
HITOTSU MUSUBI

answer : **07** / 08

把马尾扎在一侧

扎在颈侧的马尾看似保守，但只要把所有头发分成1:9，让刘海更有空气感，就能打造自然随意的风格。

1 把头顶的头发拨到前面，分成1:9，简单地用手梳几下就好，打造自然的风格。

2 将头发分到一侧，向内侧拧几下，用一字夹从发辫内侧固定在耳朵旁边。

3 把马尾扎在有刘海的一边，取少许头发绕在马尾根部，用发夹固定好。

4 大胆地用手把刘海抓蓬松，不要固定的太紧。

answer : **08** / 08

改造普通的马尾

马尾扎的太高会显得很幼稚，最好是扎在下巴到耳朵的延长线上，再制造出打湿的效果，既时尚又有品位！

1 在下巴到耳朵的延长线上扎好马尾，注意不要过高过低。

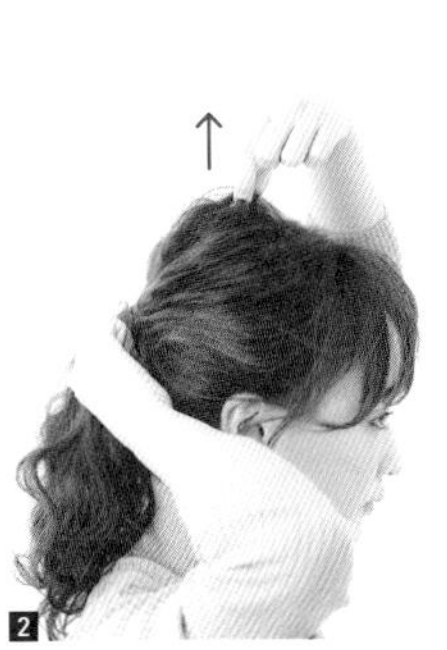

2 在头顶抽取少许头发，两边也根据平衡来打造起伏。

3 将具有打湿效果的定型剂抹在手上，延展开以后抓在头发上。这一步最能打造时尚感！

实用小建议

One Point Advice … 马尾落下的头发，可以留少许梳在两鬓处，更显成熟气质。

DAILY ARRANGE
HITOTSU MUSUBI

用拧绳技巧+梳子打造侧梳造型

结合拧绳技巧和侧梳这两个前卫技巧，正好适合头发稍短的波波头女生。夹在头发一侧的发饰能让发型更时尚！

用32mm的直发板把发梢烫成向内弯的卷，再用手把发卷梳开。

用手把前面的头发在与眉梢垂直处梳成两部分，用手梳更有随意感。

将较少一侧的头发向后拧，用一字夹固定在耳朵后面，用头发盖住一字夹。

在一字夹上面加上梳子形的发饰，一字夹刚好可以固定梳子部分，所以不用担心发饰掉下来。

DAILY ARRANGE
SIMPLE & ADULT

韩式盘发×多盘一次

从正面看也许很简单，但从后面看却很华丽。脸周围的头发既有修颜效果又可以摆脱沉闷。

1 取头顶处的头发扎起来，留下脸周围的头发会显得更时尚。

2 在皮筋上方用手指分出一个洞，将扎起来的发辫从外侧向内侧穿过小洞，打造韩式编发。

3 把编好的小辫子分成两束，左右拉紧，这样拧绳效果会更强。

4 将耳朵上方的头发跟刚才梳好的小辫子扎在一起，注意留下脸周围的头发。

5 在第4 步中扎好的发辫根部用手指分出小洞，再把发辫从外侧向内侧穿过小洞，第二次做出韩式编发。

6 把编好的小辫子分成两束，左右拉紧，在拧好的发束里面抽出2~3mm头发，让造型更自然。

One Point Advice … 如果一开始就扎太多头发，看起来会很土，而且会显得脸大，所以第1步一定要之只取头顶部分的头发。

DAILY ARRANGE
SIMPLE & ADULT

扎个让背影也好看的马尾

这款发型从正面看很简约，但从背面来看，美丽的头饰让你更闪耀。用充满女人味的发饰，让人在看到背影时心跳加速。

1 把头顶的头发都拨到前面，分成1:9。分刘海时方向最好是跟平时相反。

2 用皮筋扎马尾之前将头顶处的头发稍微抽出一些，记得要向正上方抽。

3 耳后的头发用一字夹固定好，再用头发把一字夹盖上。这样又可以保持蓬松，发型也不容易坏。

4 刘海两边也用一字夹固定好，同样用头发盖住藏起来。

5 在皮筋上缠绕少许头发，用一字夹固定。夹上发饰。

活泼的发带马尾

把印花大手帕用作发带，搭配经典马尾，简单的小创意平添趣味，让发型更时髦！

1 拢起左右眼上方的头发，拧几下后蓬松地固定在头顶。

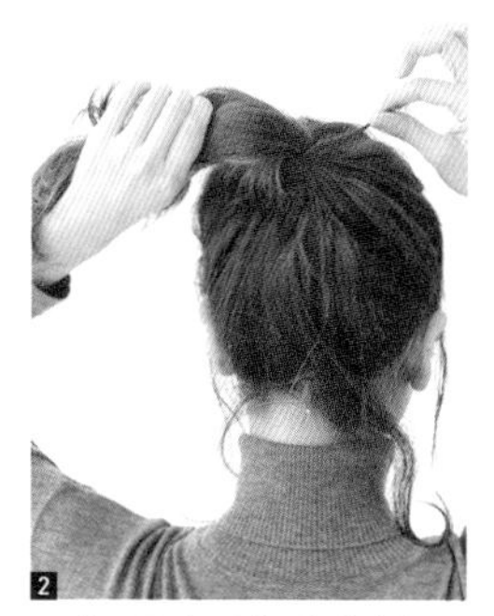

2 在下巴到耳朵的延长线上扎起马尾，从马尾中取出一束头发，绕在皮筋上固定好。

3 把大手帕围在头部周围，盖住耳朵的一半，在头顶打好结。打结的位置最好不要在头顶正中，稍微偏一点会更时尚。

4 散落的头发用直发板烫成向外弯的卷，注意不要向内卷，会显得有些过时。

One Point Advice >>> 如果怕大手帕会松掉，可以把后脑处的手帕用夹子固定住。

PART 3 满是女人味又颇具华丽感的日常编发

拧绳技巧&麻花辫的时尚半马尾

RUMI的这款原创发型看起来像是半马尾又像是马尾，能够保持蓬松华丽的外形，时尚又有新意。

1 只把头顶的头发拧一下固定住，留下脸周围的头发。

2 脸部两侧留下的头发用来编两条麻花辫，只要稍微编三四下即可，无需编到发梢。

3 编好的麻花辫用皮筋绑好，把这两条麻花辫都固定在第1 步中扎好的半马尾根部。

4 把麻花辫周围的头发随机抽出2~3mm，让轮廓更有起伏，打造不做作的风格。

5 半马尾基本上完成了。其实到此为止已经可以了，但如果再加上一步，发型就会更加漂亮。

6 在剩下的头发两侧取一束头发，向后拧得稍紧一些。

7 把拧好的发束交叉绕在脑后，用一字夹固定好。

1 把后脑处的头发拢起来，拧几下用一字夹固定好，注意留下脸周围的头发。拧头发的时候不要太紧，体现蓬松的质感。

2 取第1步的辫子根部下方的头发，顺着辫子的走向向后拧。

3 用一字夹固定住拧好的发束，盖住第1步中的分缝。

4 另一侧也相同，从侧面向后拧，在后脑处用一字夹固定好。

5 取耳后的头发分成两束，拧成绳以后交叉缠绕。

6 将缠绕好的发束在后脑处固定好，另一侧也按照同样的方法缠绕好，并用一字夹固定。

7 再取第6 步中发束下方的头发，分成两束向后拧好并缠绕成一根辫子。

8 缠绕好的发束用一字夹固定好。另一侧也同样，完成3层拧绳。

9 从扎好的发辫里随机抽出3~4mm头发，打造自然风格。

10 刘海中分后也拧到后边，用一字夹固定。再把刘海的头发抽松散些，打造蓬松感。

拧一拧夹一夹，好一个背影美人

从头顶的半马尾开始，编上3道拧绳发辫，谁都能轻松做到哦。

不用皮筋就能打造成熟双马尾

用皮筋扎双马尾会让人觉得比较幼稚，这款发型只需要用一字夹就可以打造，不会过于学生气，甜美度刚刚好的双马尾！

从头顶处！

1 把头顶部的头发拨到前面分成1:9，让刘海看起来更有分量。

2 将所有头发分成两部分，再把两束头发分别分为两部分。脸周围的头发向后拧的松一点，用一字夹固定好。

3 后颈部的头发拧到前面，在紧贴第2 步中的位置用一字夹固定，另一边也一样。

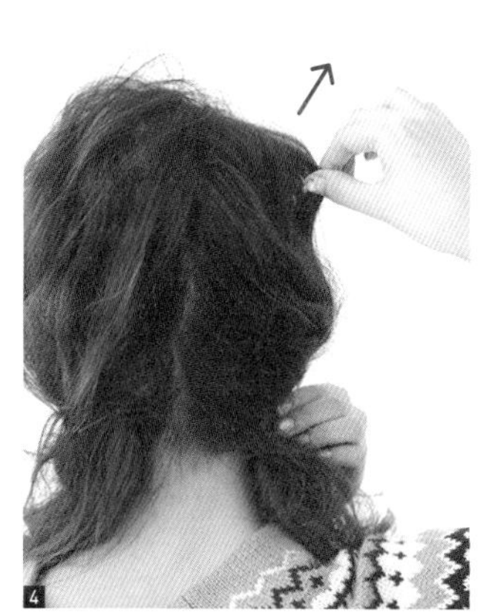

4 把头顶和两侧部分的头发抽松散，打造自然的起伏。

女人味十足的发箍半马尾

只收拢头顶处的头发扎成半马尾，
搭配发箍打破沉闷，让造型更时尚！

1 只拢起头顶附近的头发，拧几下用一字夹固定好，注意留下脸周围的头发。

2 取少许左侧的头发，盖住第1步中的分缝从左侧用一字夹重新固定一次。

3 右侧也同样取少许头发，盖住右侧分缝后用一字夹固定。

4 把头顶的头发抓松，打造自然的造型，最后戴上发箍。

实用小建议

One Point Advice >>> 把头发拧成半马尾的时候，一字夹从下往上固定会让发型自然地蓬松起来。

RUMI小姐的爱用发饰

“这些发饰都是我看到就忍不住买下来的，有些自己用，有些拍摄用……
全都来自我喜欢的品牌！”

PLUIE

让简约发型瞬间闪亮起来的神奇发饰。这些发饰造型时尚成熟，就算同时戴两三个也不会觉得繁琐。

COMPLEX BIZ

这个品牌的发饰设计风格优雅温和、内涵非常丰富。饰品表面镶嵌着闪亮的宝石，独具匠心，也不会过于甜美，刚好适合高雅成熟的风格搭配。

Clare's

造型顺应潮流，适合简约造型。这个品牌价格实惠品种丰富，我经常一买一大堆！

H&M

不只是物美价廉，还特别适合简练造型的品牌。设计对流行很敏感，因此款式变化很快，可以定期去店里搜罗一下。

SCARF&BANDANA

选择大手帕的诀窍就是，扎上手帕以后从正面看到的质感、材料不能太柔软要有一定的体积感和尽量选择花哨一些的图案这三点。所以也可以去古着店寻找喜欢的大手帕。

STELLAR HOLLYWOOD

穿礼服的日子总能想到这个品牌，它是设计独特的饰品宝库。很多饰品的价格让人很是惊喜，有去店里逛一逛的价值。跟我合作设计的产品也在卖哦。

HAND MADE

从手工材料店买来网纱、丝带和珠子，稍加用心就可以做出一个漂亮的蝴蝶结发夹。

短发也能焕然一新

波波头&纯短发的女人味 4 STEPS 大改造

很多人会觉得短发的女孩子很难换发型，看起来比较墨守成规，其实改造过后也依然会焕然一新！不管是什么发型都可以用4个步骤解决，简单易学就是它的魅力所在！

1

用发带来打造慵懒风格

把头发全都收进发带里，整个人都清爽起来。自然垂下的头发更凸显慵懒的气质。

Bob & Short
ARRANGE
4STEPS

1 不用做任何准备，直接戴上发带，把所有头发都收进发带里。

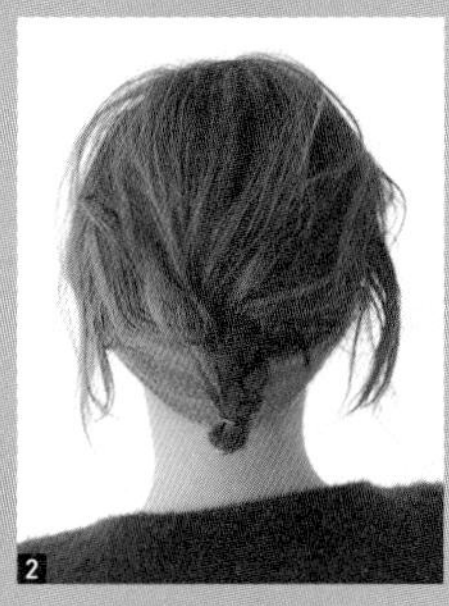

2 把收进发带的头发拢到一起，编成麻花辫，将发梢卷起来用皮筋扎好。

3 将麻花辫藏进发带藏好，不用去管散落下来的头发。

4 把头顶处的头发抽松，制造起伏。用定型剂把头发抓成打湿的效果。

Bob & Short
ARRANGE
4STEPS

1 拢起耳朵上方的头发绑在较高的位置，随意扎成丸子头，尽量把发梢留出来。

2 把发梢卷在皮筋上，增加丸子的分量。

3 用一字夹把发梢固定住，打造简约造型。

4 从扎好的部分里随机抽松头发。在丸子下面别上发夹。

简约又可爱的丸子头

只扎起一半头发 × 丸子的组合，可以让可爱与简约并存。

实用小建议

One Point Advice ››› 发夹也可以别在正面，别在耳边，打造不一样的形象哦。

3

做减法的可爱半马尾

半马尾给人的印象是很传统的。用编绳手法×拧绳手法相结合，让发型变得活泼可爱。

Bob & Short
ARRANGE
4STEPS

1 拢起头顶的头发，分成两部分，用编绳手法往后编。

2 一边交叉缠绕一边加入新的头发，编到头部中间时用一字夹固定好。另一侧也同理。

3 取发辫正下方的头发，拧到第2 步中一字夹的位置，再用一字夹固定。

4 另一侧也同样，用一字夹固定。把发饰别在一字夹上方。

Bob & Short
ARRANGE
4STEPS

1 把头发中分，然后取上面的3束头发，按照麻花辫的编法向后交叉3次左右，用彩色皮筋固定好。

2 另一侧也按照同样的方法编好，注意不要让分缝太明显。

3 将发蜡抹在手上，再把发蜡抓进头发里，让造型更蓬松。

4 把头顶和辫子周围的头发抽松，打造不做作的自然风格。

不做作的短发编发造型

短发很容易造型死板。想让短发发生一些变化，最简单的就是改造刘海了！

实用小建议

One Point Advice >>> 编发之前分缝不需要太平均，随意分缝才能显示自然不做作的感觉。

短发也能扎马尾

在头顶纵向扎4个辫子，最后全都扎起来，这就是短发也能扎马尾的秘密！

Bob & Short
ARRANGE

4STEPS

1 留下少许刘海后，从头顶纵向扎起4个小辫子。

2 把第1步中的辫子都分别扎成麻花辫，用细皮筋固定好，发梢可以多留出一些。

3 将第2 步中的麻花辫全都卷起来，用一字夹固定。这个过程中即使会有绑不住的头发也不需要特意去固定好。

4 只在一侧别上发饰。再用定型水把散落的头发拧成打湿的效果。

Bob & Short
ARRANGE

4STEPS

1 用直发板把发梢向内卷，稍后还要用这些内卷造型，所以这一步要认真做好。

2 把所有头发都做成内卷以后，把刘海也向内卷好。

3 用定型水把发梢润湿，然后将发梢向外拧好。

4 将左侧的头发向后拧，用一字夹固定在耳后的位置，再别上装饰用的发夹。

紧致复古的外卷造型

通过直发的光泽、向外卷曲的发梢和平整的梳理来打造复古造型，这款造型的诀窍是向外翘起的发梢。

实用小建议

One Point Advice >>> 之所以用直发板向内卷再用定型水向外拧，是因为直发板向外卷不太好操作！

RUMI小姐的疗愈香氛COLLECTION

收集香氛是RUMI小姐的兴趣之一。现在就公开她最喜欢的收藏，都是愉悦五感的疗愈香氛，让人着迷。

JO MALONE LONDON

想在家里慢慢享受休闲时间的话，点燃它就会很疗愈。根据当天的心情还可以选择不同的味道。(从右向左)英国洋梨&洋水仙香薰蜡烛、牡丹&鹿皮绒香薰蜡烛。

JO MALONE LONDON

入浴后使用。清淡的香气很甜美，浴后使用让清爽的香气包裹全身(从右向左)英国洋梨&洋水仙身体护理霜。

Dr.vranjes

这款贴着红酒标签的香氛喷雾，我只是买回家就觉得无比放松，一瞬间就让房间里充满高雅的气味。

点燃蜡烛以后火苗反射在玻璃上，光是看这些美丽的光线就觉得很疗愈。香氛的味道也很让人放松，让人不由得期待结束一天的忙碌后静静地享受。图为我最喜欢的diptyque的彩色蜡烛。

john masters organics

如果你想要享受充满女人味的甜美香氛，选这款绝对没错。产品成分是有机的，涂抹在皮肤上也能感受到美好的质地。

开始使用香水五六年，最喜欢这款Chloé的EAU DE PARFAM INTENSE限定版，可是已经买不到了……出门之前在脖子上喷一下，瞬间散发清爽的香气。

就算不会卷头发！就算没有时间！
那也没关系

不用卷发也能时尚！
简单利落大改造

之前RUMI介绍了很多卷发造型，为了喜欢直发的你，
接下来会介绍截然不同的直发造型。忙碌的早上，这才是你最强力的伙伴！

AMI-arrange—1

知性侧编发

把刘海改造成蝴蝶结的形状，
用眼镜×麻花辫打造慵懒style。

Back／

Side／

1 从左侧鬓角部分留取一束头发，其他头发全都拔到右边。整个过程不要使用梳子，用手梳拢就好。

2 留取少量刘海分成两部分，将头发拧到左右两边，保持一定蓬松度以后用一字夹固定好。

3 把右侧的头发编成松散的麻花辫，发梢留的稍长一些，用皮筋固定好。从右边的鬓角处抽点头发出来。

4 用第3 步中抽出来的头发绕在皮筋上，用一字夹固定。刘海用发蜡打造像被打湿了的样子。

AMI-arrange—②

粗粗的麻花辫

编出3条麻花辫，再用这3条麻花辫编一条粗的麻花辫。简简单单就打造蓬松感，注意避免3条麻花辫一样粗哦。

1 将左侧的头发大致的拧几下，用一字夹固定住耳后的头发。记得用头发盖住一半耳朵。

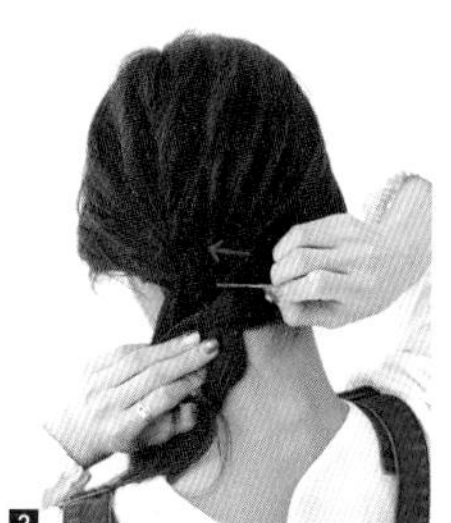

2 右侧的头发也同样拧到左侧，盖住第1步中的一字夹后再用一字夹固定住。

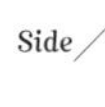

Side /

Back /

3 把整理好的头发分成不等量的3束，分别编成麻花辫，不整齐的发束更能体现慵懒气质。

4 用3条辫子再编一条麻花辫，用麂皮绒绳打成蝴蝶结固定好发梢。别上发夹。

One Point Advice >>> 如果梳的太整齐，发型就会显得太无聊，要比平时更大胆地抽松头发。

AMI-arrange—③

编绳韩式编发

编绳技法×韩式编发的组合也可以打造慵懒气质，通过抽松头发也可以凸显华丽感！

1 在耳朵上方取一束头发，分成两部分交叉缠绕，再从下方取新的发束缠绕进去，然后继续重复这个过程。

2 在重复交叉缠绕→取新的头发→合并为一束→继续交叉缠绕的过程以后，将两侧编好的头发在后脑处用一字夹固定好。这里要编的较紧一些。

3 另一侧也按照同样的过程编好，把编好的发束固定在第2步中一字夹的位置。注意抽松发辫。

4 把剩下的头发在较低的位置上扎成马尾。在马尾根部开个小洞，将头发从外侧穿到内侧，做成韩式编发。

5 再把剩下的头发扎起来，重复两次韩式编发。把发型整体抽松，打造自然风格，最后用皮绳固定好。

Back／

Front／

MATOME HAIR-arrange—1

丸子头的轻松时刻

看似自然的丸子头，连同刘海一起高高地扎在头顶上，最后用金色一字夹做装饰！

1 用手把所有头发都拢起来，在靠近头顶的位置扎一个松散的马尾。扎的时候注意留一些松散的空间，扎得紧一些。

2 用扎起的马尾做一个圈，再用剩下的发尾绕在圈上。用皮筋把丸子固定好以后，再用一字夹固定。把残留的头发顺好，让碎发垂下来。

3 把拢起来的刘海用金色的一字夹固定好。这时候可以发挥创意，用夹子摆成喜欢的形状。

实用小建议

One Point Advice ··· 用简约的金色或银色一字夹来做造型，不会显得过于幼稚。

Side/

Back/

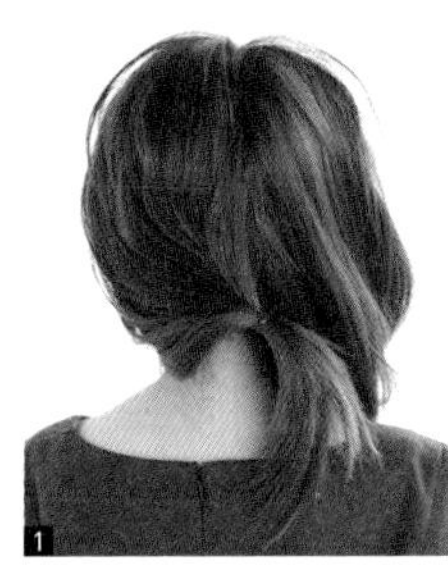

1 把所有的头发分成两部分，将左侧的部分如图松散地拢向右侧，然后在较低的位置扎成一个马尾。

2 将第1步中的辫子像箭头所示一样逆时针拢起来，一边向内卷起来一边向后脑处转动。

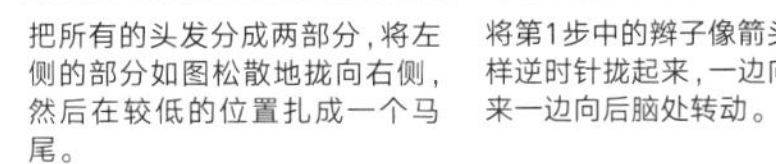

MATOME HAIR-arrange —②

优雅的盘发

通过拧绳手法打造夜总会风，再把刘海梳得只剩额头上的胎毛，随便配上什么发饰都会很时尚。

3 把第2 步中左半部分散落的头发用几个一字夹固定，要固定的不用手扶马尾也掉不下来。

4 剩下的右半部分头发也按照同样的方法向上拧，盖住左侧的马尾，用一字夹固定好，散落的头发也用一字夹固定住。

5 用梳子造型的发饰固定住第4步中的发梢。刘海只留下内侧的一层，外侧的头发用一字夹固定好。

MATOME HAIR-arrange—3

慵懒的拧绳盘发

位置较低的丸子头，跟古着中性风是绝配！虽然看起来很难，但只要会拧就好。

Back／

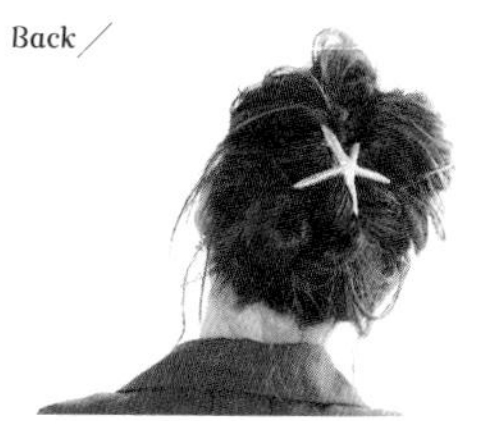

Side／

1 把耳朵上方的头发分成左右两部分，把左侧的头发向内拧起来，用一字夹从上面固定住。注意不要固定的太紧，保留空气感。

2 右侧也跟第1步一样，最后用一字夹固定。如果觉得要把头发拧得松散很难，可以先拧得紧一点，固定以后再把头发抽松散就好。

3 把拧好的发梢和剩余的头发合在一起，扎成马尾。将鬓角和耳后的头发抽蓬松。

4 顺着箭头的方向，将第3 步中的马尾按照逆时针方向拧起来，最后卷成丸子，并用皮筋固定好。

5 把头顶、两侧和后部的头发都随机抽蓬松，演绎慵懒的气质。最后别上发饰就完成了。

实用小建议

One Point Advice >>> 这款造型很容易让头发变杂乱，所以散落的头发一定要用发蜡定好型。

HALF UP-arrange 

麻花辫半马尾

麻花辫半马尾×大蝴蝶结，打造甜美造型。
蝴蝶结选暗色的可以保持一点点成熟气质！

1 在头顶留出一点高度，一边编麻花辫一边加入新的头发，编完以后再把辫子抽的松散一些，可以体现出自然的立体感，更加可爱。

2 编到耳朵下方的高度后就不要再加入新头发了。接下来要编的更紧一些，体现出直发特有的清爽感。

3 把麻花辫一直编到发梢，用较粗的皮筋固定好，别上发夹。

HALF UP-arrange—2

头顶的半马尾

把梳子当做发箍来用，
这种崭新的改造，
关键在于整体的湿润感和清爽自然的发尾。

Back

1 高高地扎一个中间偏左的半马尾，用皮筋固定好。为了体现慵懒气质，把头顶部分的头发抽出几束，打造蓬松感。

2 从马尾中取一束头发，按照图中箭头所示拧成细绳绕在皮筋上，盖住皮筋。

3 将第2 步中的发梢夹在皮筋里。在手上延展定型水，抓进头发里，完成整个成熟风格的造型。

04 无需卷发 简约马尾

Arrange

HITOTSU MUSUBI-arrange—1

慵懒马尾辫

头发越短，碎发越多。
把刘海打造出少女风薄刘海会更甜美。

1 在较高的位置上扎个慵懒的马尾，让碎发自然地垂下。用细皮绳绕在皮筋上，系个蝴蝶结。

2 留取一些碎发，把较长的头发用一字夹固定起来。注意留下鬓角和耳后的头发。

3 留下一层薄薄的刘海，把多余的刘海分为左右两部分，分别拧到头顶，用一字夹固定好。在左侧别上发夹。

HITOTSU MUSUBI-arrange 

稳重的低马尾

拧绳和麻花辫组合在一起，让人觉得发型很考究，但又不失慵懒气质。

Back／

Front／

1 取一把头顶上的头发，分成两束，拧成绳状以后转到后面。

2 把拧好的发辫用一字夹固定在后头部，用定型水打湿后就不容易松散了。

3 另一侧也一样，拧好发辫后绕到后头部跟第2 步中的发辫汇合，用一字夹固定好。把两条发辫中抽蓬松。

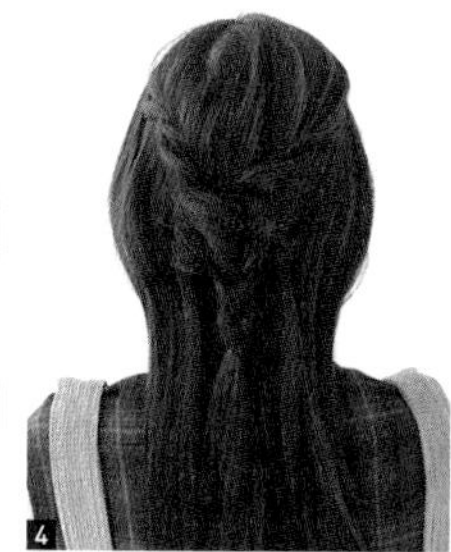

4 把在皮筋下方的头发分成3部分，编成麻花辫，编到3股左右的时候用皮筋固定住。

5 把所有的头发都拢起来，在后颈部上方扎起来。在皮筋上用细绳系个蝴蝶结就完成了。

实用小建议

One Point Advice ››› 为了提高这款发型的甜美度，可以用直发板把刘海烫卷。

HAIRBAND-arrange 

松散的麻花辫

用蝴蝶结发带做装饰，露出一点额头上的碎发，让简单的麻花辫更有女人味。

Back

Side

1 把所有头发全都拢起来，从较高的位置开始编麻花辫，发梢要留的多一些才能让整体更平衡。

2 从两侧鬓角和耳后抽出一些碎发，再把头顶的头发抽蓬松。

3 中分刘海，分别变成麻花辫，用一字夹固定在斜后方。戴发带的时候要注意把胎毛露出来。

HAIRBAND-arrange—②

双层韩式盘发

用发带盖住一半刘海，打造当下流行的透明感。
薄薄的刘海让表情看起来更柔和。

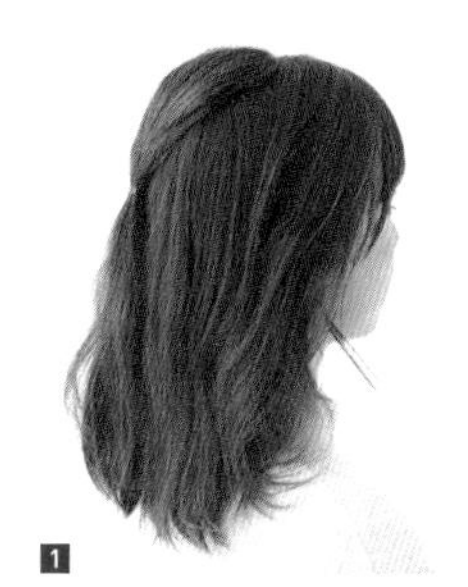

1 把后脑勺的头发扎起来，留下脸周围的头发。

2 在皮筋处的头发里开一个小洞，让马尾从外侧穿进里侧。把马尾从左右两侧拉一下，制造起伏。

3 拢起耳朵上方的头发和第2步中的马尾，再扎一个新的马尾，做成韩式编发。

4 把剩下的头发都扎起来，这时候后脑处已经是漂亮的编发了。

5 取刘海表面的一层，在发带可以遮盖的位置用一字夹固定好。然后戴上发带，盖住耳朵的一半。

Back／

Side／

实用小建议

One Point Advice >>> 这款发型不能只是把头顶的头发抽蓬松，还要把两侧的部分也抽蓬松。

RUMI小姐的

原创造型
×
发饰
充满时尚品格的

两 星 期

2WEEKS

RUMI小姐不只是在原创发型上
很受欢迎，
在发饰和耳饰的搭配上
也是绝佳好评！
她的搭配的秘密在哪里呢？

最爱配饰
Favorite Accessories

华丽的大号耳饰和发饰会给人强烈的视觉冲击，我最喜欢那个chocolate campbell的耳环。

1 DAY

#PLUIE　#复数搭配
#韩式编发

“把一条马尾翻转两次，在每个皮筋上别上发饰，这是我很中意的一款发型。”

2 DAY

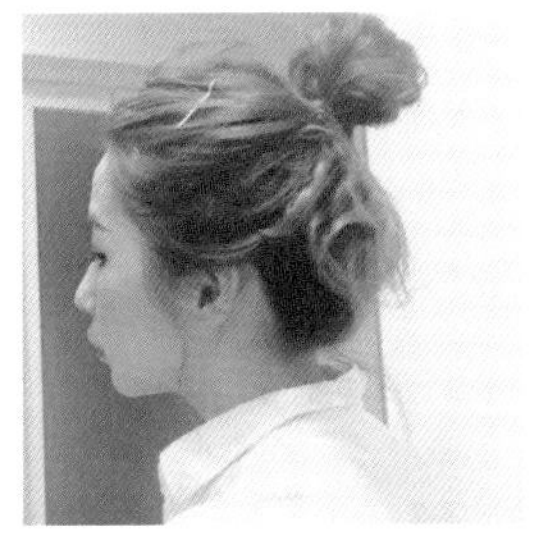

#金色一字夹
#松散丸子头

“用自然不做作的金色一字夹固定随意散落的碎发，要完成这个慵懒的丸子头，要故意不带耳饰。”

3 DAY

#Vintage大手帕
#imac　#大马尾

“简单的马尾缠绕存在感的大手帕，这时候就要用大圈耳环来搭配。”

4 DAY

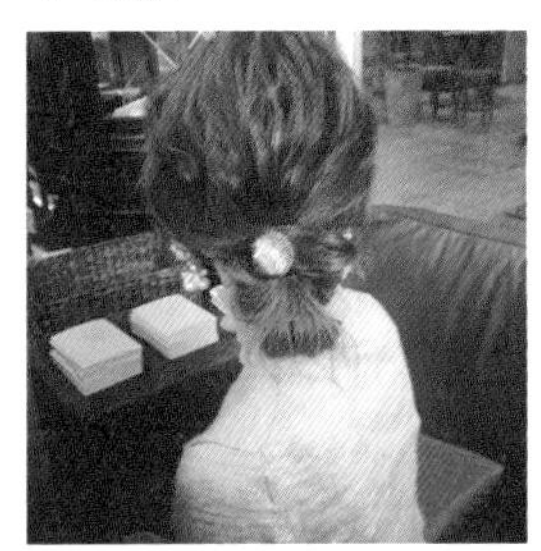

#PLUIE
#位置较低的丸子头

“只需要在后颈上方扎个丸子头，用pluie的发饰提升时尚度！”

5 DAY

#H&M　#大马尾
#Chocolate campbell

“这款发饰自带皮筋，使用方便。耳饰也配合发饰的风格！”

6 DAY

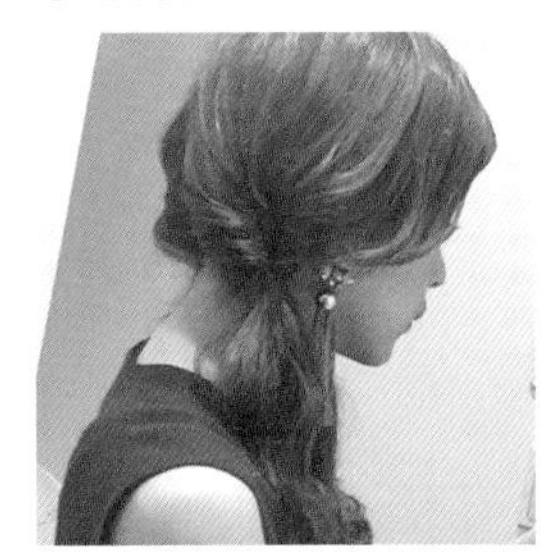

#韩式编发
#双马尾

“在耳朵下面扎上双马尾，再进行韩式编发。这样的发型太甜美，可以用波西米亚的耳饰做中和。”

7 DAY

#COMPLEXBIZ
#VENDOME #波波头

"波波头大改造时，用COMPLEX BIZ的宽发箍摆脱沉闷。耳饰是VENDOME的。"

8 DAY

#COMPLEXBIZ
#imac #拧绳丸子头

"在两侧加上拧绳的特别丸子头，用COMPLEX BIZ的花朵造型梳来体现成熟。"

9 DAY

#大马尾 #短刘海
#Chocolate compbell

"这个品牌的耳饰真的很有存在感。短短的刘海给人甜美的感觉。"

10 DAY

#PLUIE #麻花辫丸子头

"松散的麻花辫盘成丸子头，再把PLUIE的梳子插在丸子上。"

11 DAY

#Ron Herman
#imac #大马尾

"在Ron Herman购买的贝壳装饰皮筋打造了这款简约发型。Imac的耳饰用来中和孩子气。"

12 DAY

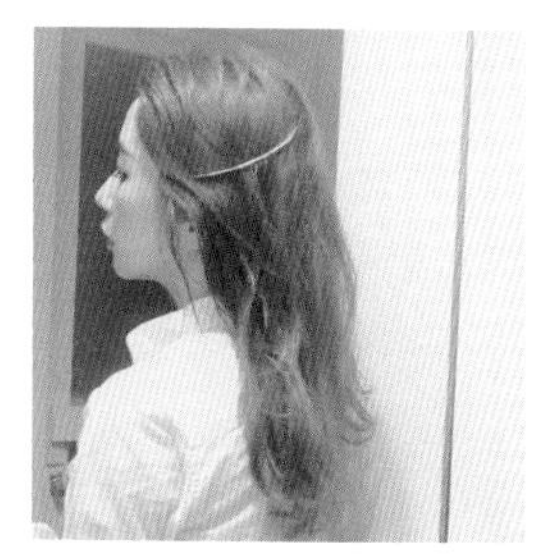

#PLUIE #只要轻轻一插
#披肩发style

"只需要pluie的梳子插在头发一侧，如果害怕发型会乱，可以通过拧绳造型给梳子做个台子。"

13 DAY

#PLUIE #韩式编发
#麻花辫 #复数搭配

"半马尾加韩式编发，把剩下的头发编成麻花辫。用梳子或发夹做搭配。"

14 DAY

#PLUIE #Starfish
#大马尾

"最常见最实用的，就是简单的大马尾。pluie的发饰最适合在大马尾搭配。"

用卷发棒轻松让自己变可爱

普通的卷发打造小清新

很多人觉得“我不太会卷头发”我比较喜欢简单一点的发型“我没有卷头发的时间”。其实只要卷起发梢也可以打造时尚造型。

[卷发棒打造的基础卷发 详细介绍]

1 把卷发棒设定为180°，然后把头顶的头发固定好。

2 接下来开始卷剩余的头发，用卷发棒把发梢向外卷一下。

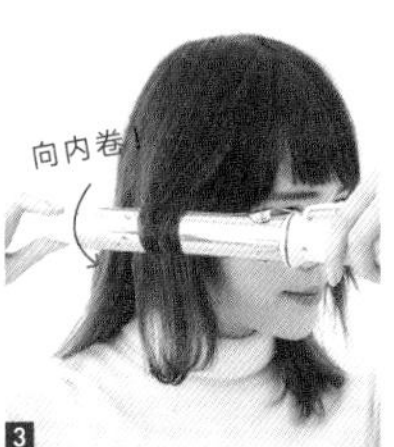

3 发梢全都向外卷了以后，再把头顶的头发放下来，开始向内卷。

4 头发向内卷以后会增加圆润感，而发梢则轻轻往外翘。

5 卷的时候要分3次来让头发定型。

6 抽出少量头顶的头发，向内侧拧。

7 拧好的头发再用卷发棒向内斜着卷好。

8 下一束头发则要向外侧拧。

9 拧好的头发用卷发棒向外卷好。头顶的头发大概分8次全部卷完。

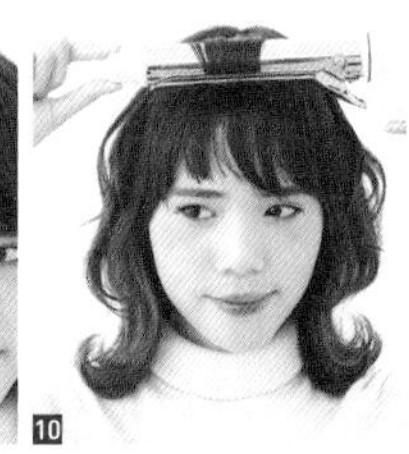

10 刘海分为里外两层，先把外层的头发向下卷好。

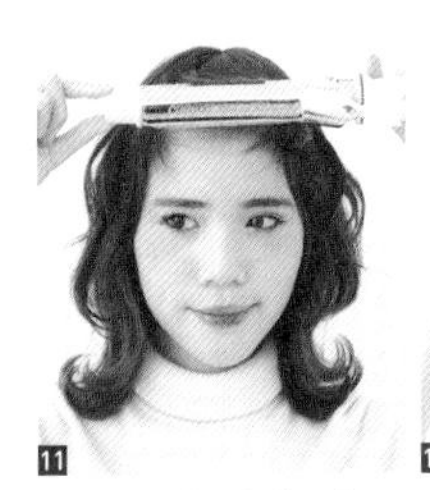

11 卷内层的刘海也要向下卷好，分两层去烫卷会让头发更有体积感。

12 把刘海拨乱，让刘海显得更蓬松。

13 用手蘸取定型水，用手掌从下面开始把定型水抓在头发上。

14 这样就完成了从头顶到发梢都很蓬松的基础卷发，开始改造吧！

清新休闲的拧绳编发

时下流行的梳子发饰既方便又时尚，是披肩发的最佳伙伴。

这款发型的诀窍是加入拧绳技巧，又能体现慵懒气质还不会让头发轻易散开。

1 把两侧的头发向后拧，留下脸周围的头发。这样就可以让梳子倒插进去。

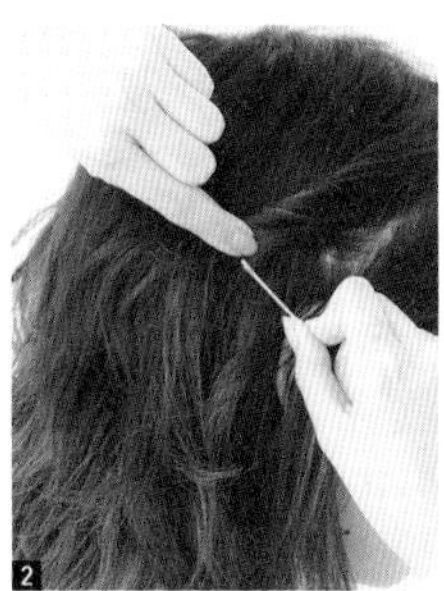

2 用一字夹将拧好的发束尽量紧凑地固定在头皮上，注意用头发藏好一字夹。

3 戴上梳子发饰就完成了！因为有了第1步，梳子就不容易掉了。

实用小建议

One Point Advice >>> 用头发拧出放置梳子的台子，让披肩发更时尚。

随手就能绑起来的蝴蝶结发髻

蝴蝶结发带×蝴蝶结发髻

看起来虽然很难，但其实只要把丸子分成两半，将发梢固定在皮筋旁边就好了。

1 拢起大部分头发，在较高的位置上扎个松散的丸子头。让碎发自然地散落下来。

2 把丸子粗略分为左右两半，这样就完成了蝴蝶结的轮廓。

3 从剩下的碎发抽出一束头发，绕在两个丸子的中间。

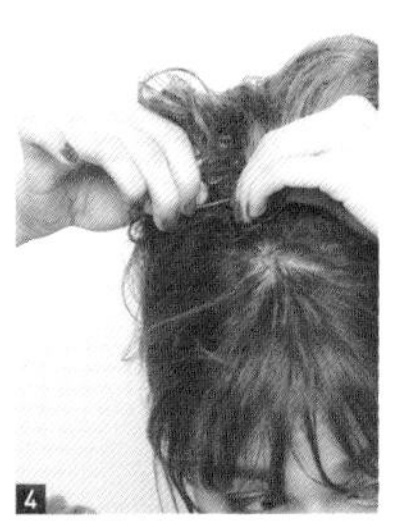

4 把第3步中的发梢固定好，再用一字夹把蝴蝶结的内侧固定一下。

5 这样蝴蝶结就完成了。碎发用定型水抓好。

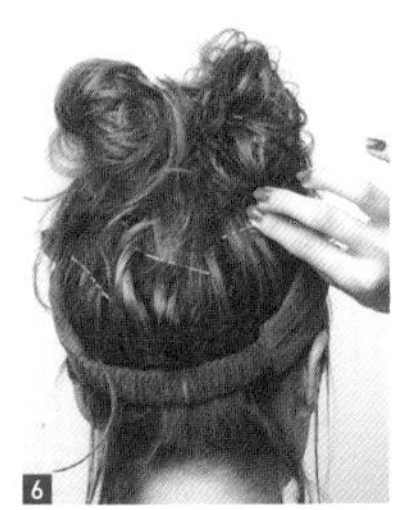

6 戴上发带，把散落的碎发用一字夹固定好。

HAIR IRON ARRANGE

韩式编发的小小变身

变身轻熟少女，让背影更有趣味。如果把耳朵上方的头发全都扎起来，就会显得太过老气，所以这个时候只要把头顶的头发扎起来就好。

1 只抓起头顶部分的头发，留下两侧，扎个小马尾。在上方戳个小洞，做成韩式编发。

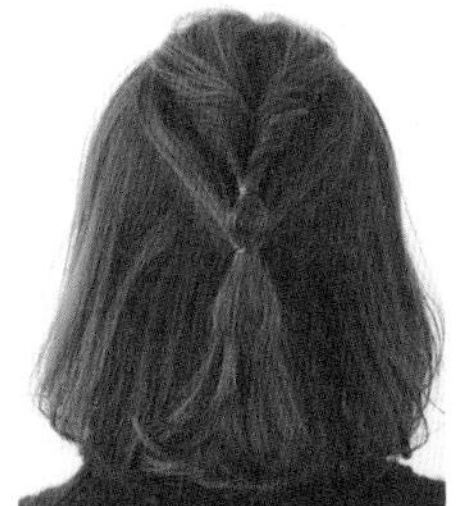

2 把第1步中的发辫周围的头发跟第1步扎在一起。

3 把扎好的马尾编几下麻花，扎好后抽蓬松。

4 背影可爱的半马尾这就完成了。这样编韩式编发可以让发髻更牢固。

实用小建议 One Point Advice ››› 刘海太多会给人太过幼稚的印象，梳成中分会增加时尚感。

让碎发多一些&添加大手帕装饰

在耳朵前面留下大量碎发，让简约的大马尾更有空间感。再加上大手帕装饰，更显华丽！后颈部留些碎发也可以哦。

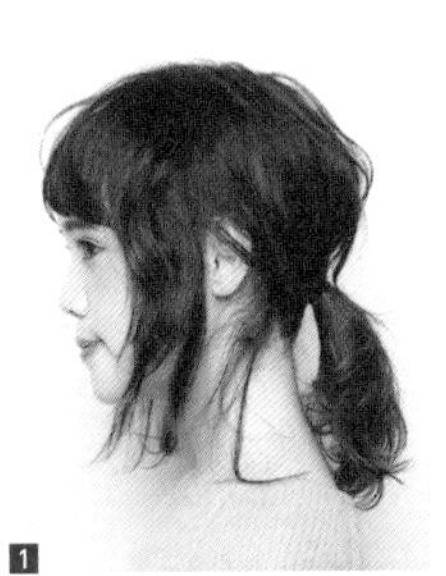

1 在耳朵前面留下大量碎发，把其他头发扎在后颈上方。注意在耳朵后面也留少许碎发。

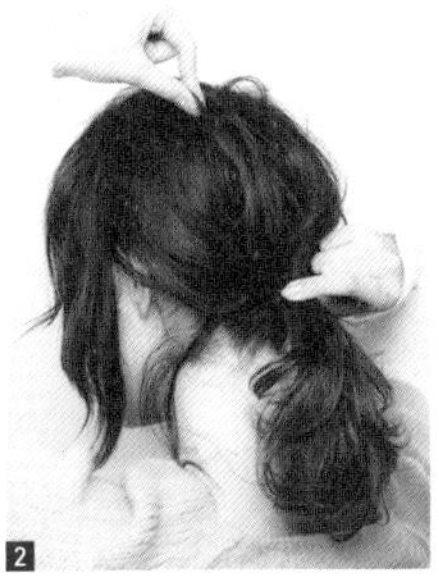

2 把头顶和两边的头发抽出少许，提升自然气质，注意盖住耳朵的一半。

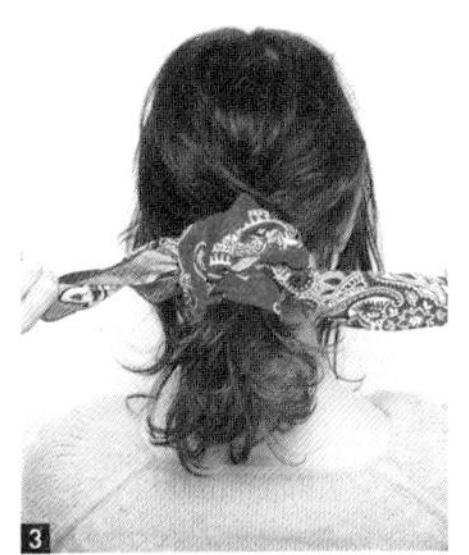

3 把大手帕折成7cm左右的宽度，然后绑在头上，盖住皮筋。

重要的日子要打造更特别的发型

赴约专用的
华丽发型

参加派对或者其他特别场合的时候，要用稍作讲究的发型×华丽发饰来摆脱日常装扮。不要以为这种发型会很难，只要抓住诀窍，自己也能打造！

Special Arrange 01

让创意更新鲜！
华丽的编发
ARRANGE

基础发型+其他创意就能摆脱日常造型。
再搭配妆容和服装，让形象来一次大变身！

ARRANGE 1

编发&拧发结合的半马尾

蓬松的半马尾收拢的好像大马尾一样，看起来既成熟又新潮！

+麻花辫打造女人味造型

先选取一把头发扎成麻花辫，再同样把其他头发也编成几个麻花辫。这样的发型既高雅又华丽。

1 把头顶附近的头发编起来，做成韩式编发。马尾剩下的头发编成麻花辫，编完3下左右就用一字夹固定起来。

2 按住用一字夹固定的部分，用手往外抽一点头发，增加自然不做作的感觉。

3 取刚才发辫旁边的头发，分成2束，向后拧好后用一字夹固定。

4 另一侧也同样，用来遮挡露出来的头皮。

5 拧好的头发都固定在后脑部，把头发随机地抽蓬松。

6 把耳朵上面所有的头发分别编成麻花辫，固定在上面的发辫附近。

7 麻花辫发尾用皮筋固定好，向内弯折盖住皮筋。

8 将第7步中的发辫盖在第3步和第4步中的发辫上，一直拉到另一侧。

9 用一字夹固定住第8步中的发辫，注意在内侧插入一字夹，不要露的太明显。

10 另一侧的发束也按照同样的步骤做好，用一字夹固定。这样就完成了半马尾。

11 把剩下的头发分成3部分，分别编成麻花辫。多留一些发梢会更好看。

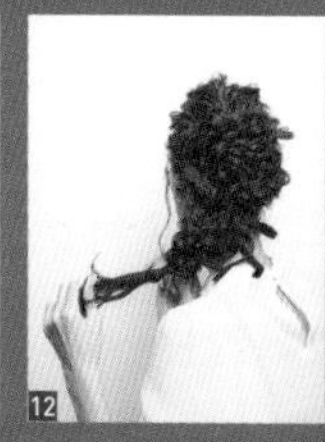

12 把第11步中的麻花辫拢到一起再编成一个麻花辫，最后用皮筋扎好。这就完成了。

实用小建议

One Point Advice >>> 编好头发以后会露出一些头皮，可以用发辫盖住后固定好。编三条麻花辫的时候，尽量不要分的太均等，打造不做作的印象。

02 经典双丸子

双丸子搭配大蝴蝶结。扎的位置低一些，显得成熟又可爱，适合需要盛装出席的活动场合。

1 把头顶附近的头发用细皮筋扎起来，扎成一个松散的半马尾。

2 在马尾根部上方戳个洞，把马尾穿进去，做成韩式编发。这样马尾根部就有了漂亮的拧绳效果。

3 把编好的发辫抽蓬松，在第2步的旁边取少量头发拧到后面。

4 用这些头发盖住韩式编发露出的头皮，用一字夹牢牢地固定在后脑部。

5 另一侧也同第2步一样，用头发盖住头皮，再把这边的头发抽蓬松。

6 将剩下的头发分成两部分，用细皮筋牢牢地扎成双马尾。

7 把两个双马尾都编成麻花辫，用皮筋固定好，抽蓬松。

8 把麻花辫卷起来，注意不要露出发梢，把发尾折起来。

9 从丸子头外侧和韩式编发之间，用一字夹固定好。另一侧也同样。

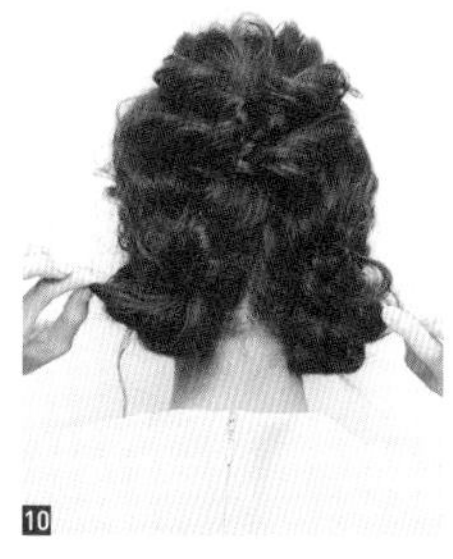

10 将头发整体抽蓬松，打造体积感。

实用
小建议

One Point Advice >>> 如果在辫子周围能看到头皮，就会让时尚度骤减，所以要取一束头发拧起来盖上。

Special Arrange 03

拧绳+网纱&发箍

简约的造型也可以通过发饰来华丽变身！
把网纱随意修剪一下打造华丽质感。

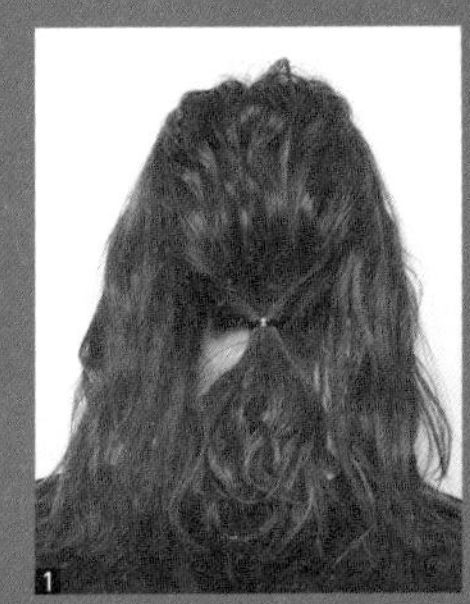

1 多多留取两侧的头发，在中央扎一个较低的马尾。

2 把两侧的头发拧到后面，为了防止不小心散开，可以拧得紧一些。

3 把拧好的头发缠绕在第1步的马尾根部，盖住皮筋，用一字夹固定好。

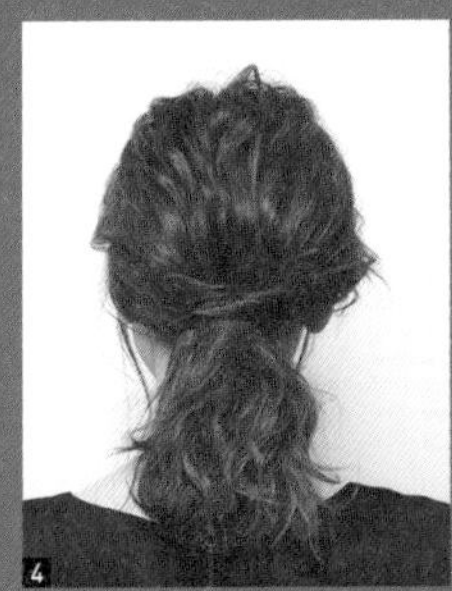

4 另一侧也按照同样的方法拧好，在第1步的马尾根部缠绕，并且固定好。

5 将网纱裁剪成30cm×1m的大小，拢成扇形后就可以做发饰用了。

6 在后脑部戴上发箍，用U形夹把网纱戴在旁边。

Special Arrange 04

飘逸的编发披肩发

续摊的时候通常会选择半马尾，所以我们特意加点别的技法来华丽变身。用猫耳造型抓住所有人的视线，怎么看都可爱！

1 取头顶表面的头发，分成左右两部分，拧到耳朵后面用一字夹固定好。

2 戴上后脑用的发箍，把左耳后面的发束编成细细的麻花辫，把发辫抽蓬松。

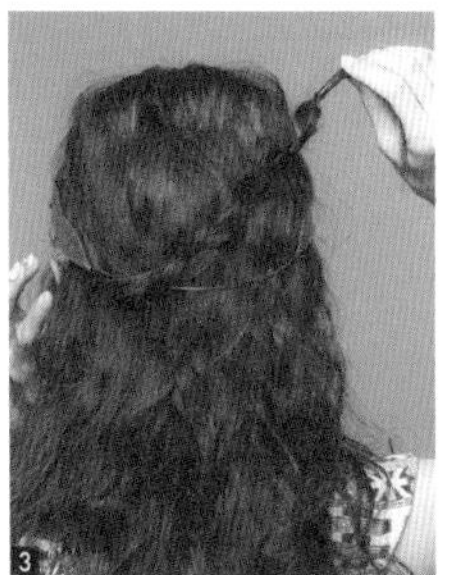

3 把第2步中编好的麻花辫绕在发箍上，一直绕到发梢，用一字夹固定。

4 把第1步中的两个发辫抽蓬松，打造出两只可爱的猫耳。

One Point Advice >>> 如果没有后脑用的发箍，也可以用项链或者丝带代替。用一字夹固定住两头即可，还可以省掉编麻花辫的工序。

Special Arrange 05

丝带网纱马尾辫

只需要在马尾上加点装饰，就能简简单单打造华丽发型，就连初学者也可以轻松掌握！

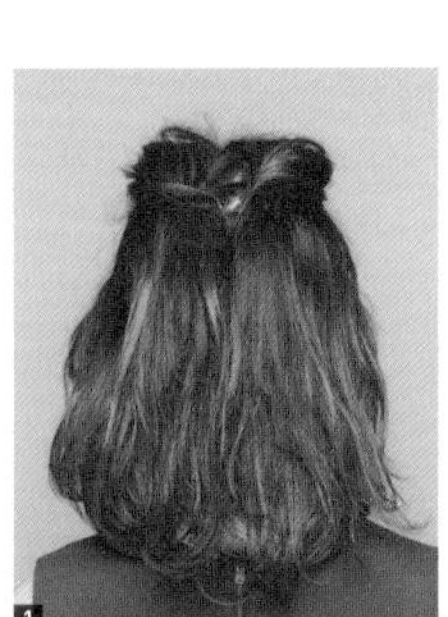

1 把头顶的头发分为左右两部分，分别拧到后面，用一字夹固定住。

2 一点点地用手指把发辫里的头发抽蓬松，打造飘逸的感觉。

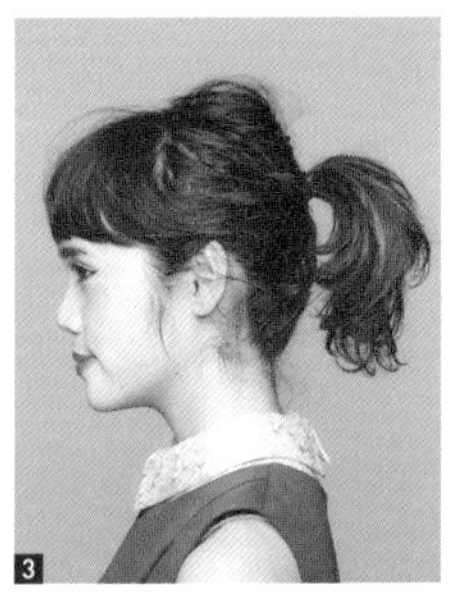

3 在下巴到耳朵的延长线扎个马尾辫，因为有第1步的拧绳效果，头顶是蓬松的。

4 剪取30cm × 1m大小的网纱，系在马尾辫上，尽量让左右长度不一样。

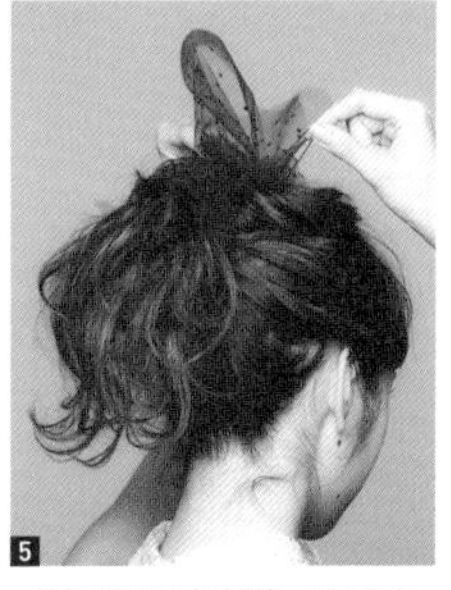

5 将网纱朝上打好结，用U形夹固定，保持蓬松的质感。

Special Arrange 06

优雅的编发发髻

只要把左右两边编好的麻花辫沿着颈部绕一圈，
看起来好像头发连在一起一样。

1 把所有头发烫上卷，在头顶做一个韩式编发，留下脸周围的头发。

2 把第1步中旁边的头发也编进去，注意还是要留下脸周围的头发，编出来的发辫最好有3~4cm宽。

3 要编得紧一点，因为等下还要再进行其他步骤。把发辫盖住第1步的皮筋，用一字夹固定好。

4 另一侧也同样。把剩下的头发分成两部分，分别编成麻花辫。

5 把两根麻花辫抽蓬松。

6 把麻花辫的发梢向内侧卷起来，沿着后颈部用一字夹固定起来。另一侧也一样。

实用小建议

One Point Advice >>> 把麻花辫抽蓬松时，从皮筋开始向上抽取头发会更和谐。

Special Arrange 07

拧绳编发&花朵丝带

即使是较短的波波头，也可以通过拧绳打造时尚发型。
颈后的碎发也统统用一字夹固定好。

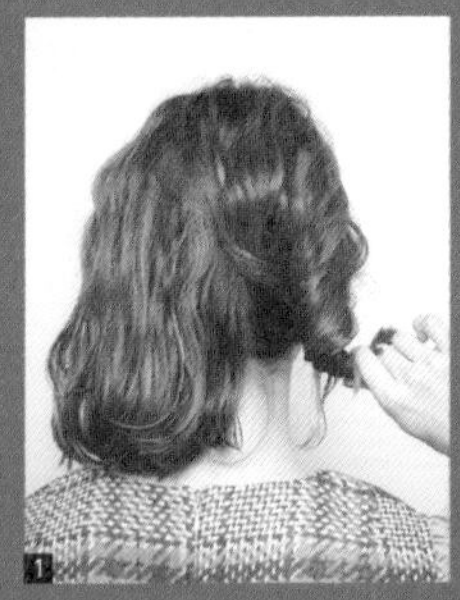

1 把所有的头发大致分为两部分。首先把一边的头发向后拧。

2 一直拧到发梢后，让发束沿着后颈部的发线绕一圈，让发梢弯在内侧。

3 轻轻抽散拧好的发束，用一字夹固定好。

4 另一侧也同样，让发束跟第1步中的发束交叉好，用一字夹固定。

5 把花朵样式的发饰沿着拧好的发束固定住。

Special Arrange 08

大猫耳拧绳

经典发型的优雅和猫耳的可爱兼备，
脸周围的头发更显得少女味十足。

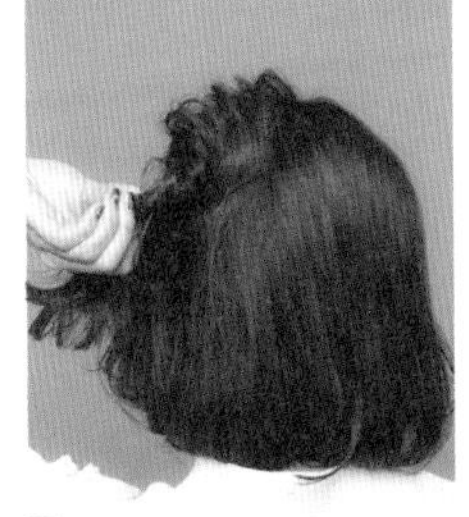

1

用38mm的卷发棒将发梢烫卷。将头顶左侧的头发向后面拧。

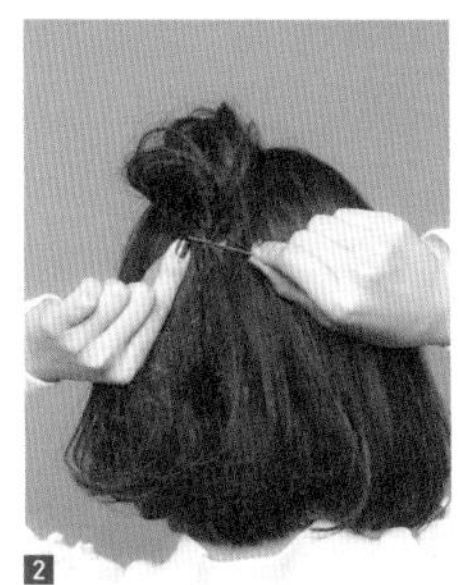

2

把发辫抽蓬松以后，用一字夹在后脑部固定。让整个发髻看起来更蓬松。

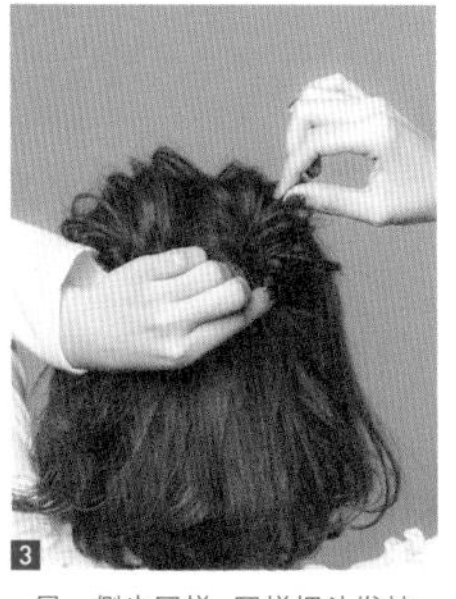

3

另一侧也同样。同样把头发抽的蓬松些，打造猫耳风。再戴上发箍就完成这款发型了。

One Point Advice >>> 发箍和耳朵在一条线的时候最好看！

RUMI COLUMN
05

RUMI小姐的最新超爱化妆品大全

RUMI小姐经常会定期去化妆品店和药局check流行的单品。她找到的宝贝是什么样的呢？

● 护肤品SKIN CARE

洗的干净又不会夺去皮肤的水分，还有淡淡的香气。
平衡卸妆油

当晚使用第二天皮肤就能变得水润。持续使用能让皮肤状态焕然一新。
肌底精华液

冬季必备的护肤品，能够镇定干性皮肤。所以我一直很喜爱。

皮肤变亮了一个度！（从左向右）HAKU活性黑色素导出剂同系列、内部黑色素防御剂、同系列美白祛斑精华液。

● 基础打底BASEMAKE-UP

不易掉妆的完美底妆。

用了5年的自然底妆。

让皮肤像天生的一样自然美丽。

我经常用来遮盖毛孔，它的遮盖力非常自然。

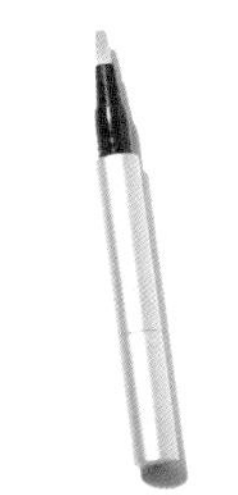

着重使用在想要避免晕染或黯淡的部分。

用起来很清爽，让人心情大好，薄薄的质地造就透明感。

● 局部修饰POINTMAKE-UP

EYE

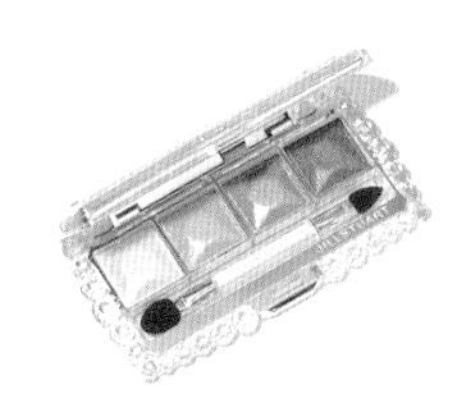

相当实用的万能眼影。质地细滑，跟皮肤也非常和谐！

只用于眼尾，打造冷酷气息。

回购了15年的眉笔，有时候还可以用来画眼线。

黑色刷头的弯度非常好用，还可以用来刷下睫毛。

让眼神瞬间有神，我会在涂完第一遍以后用它来涂第二遍。

LIP

颜色好看又妆效持久！我会用它来画唇线。（从右向左）berm stain 30、40。

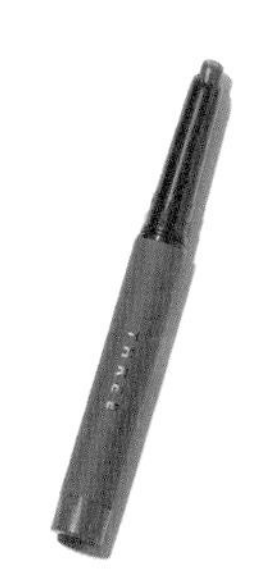

只点在嘴唇中央，用手指点涂，就能让颜色延展开。

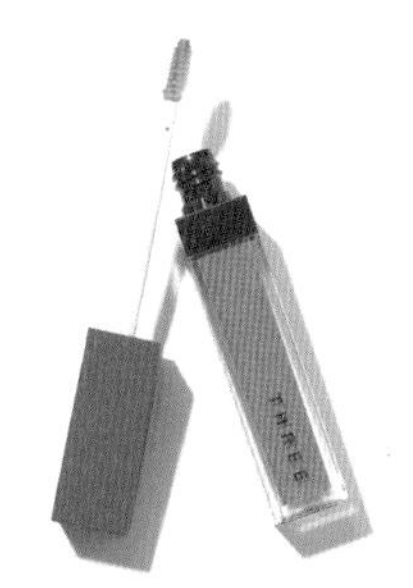

虽然是粉色但呈现了成熟而高雅的色调。

● 局部修饰POINTMAKE-UP

CHEEK

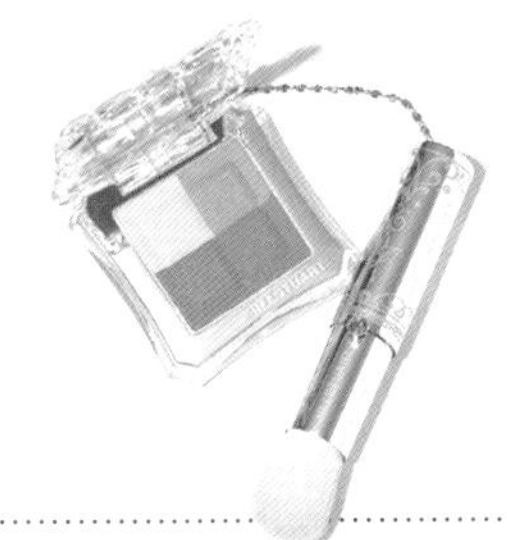

颜色鲜艳，把所有颜色混合后涂在脸颊上。

用作高光，涂在眼周的C zone，体现光泽感。

EYE
BROW

两色入可以随时对应发色变化，性价比相当高。

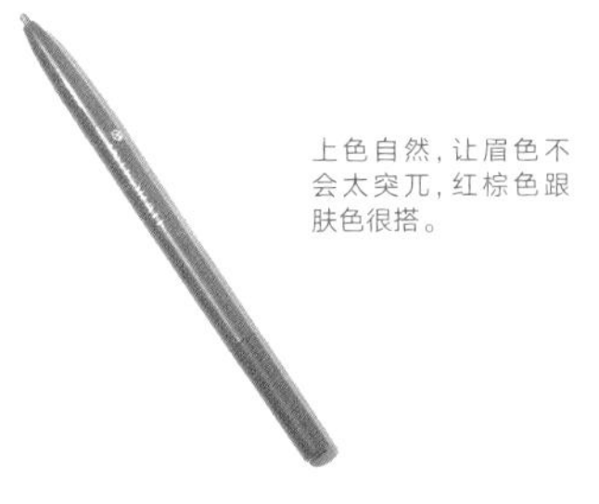

上色自然，让眉色不会太突兀，红棕色跟肤色很搭。

BEFORE

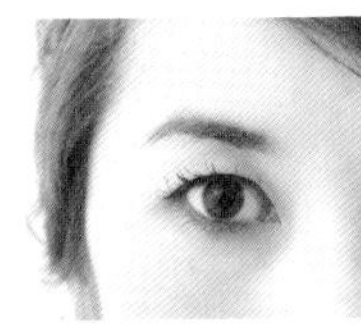

稍细&上翘的眉毛，给人的印象很严肃。

AFTER

流行的粗直眉，让脸部轮廓变得柔和。

HOW TO

1 用眉笔画出眉毛的下侧边缘，连接眉头底部和眉梢。

2 上侧边缘要与下侧边缘相平行。

3 用眉粉结合自己的发色延展开。

后　记

请你记得遇见喜爱的发饰那个瞬间，

兴奋不已的心情，

祝你一直记得这些美好的回忆……

图书在版编目（C I P）数据

百变物语 ：RUMI的超人气快手编发60例 / (日) 土田瑠美（RUMI）著 ; 张晶晶译. -- 北京 : 人民邮电出版社, 2017.3
ISBN 978-7-115-44628-2

Ⅰ. ①百… Ⅱ. ①土… ②张… Ⅲ. ①女性－发型－设计 Ⅳ. ①TS974.21

中国版本图书馆CIP数据核字(2017)第003677号

内 容 提 要

发型对一个人的整体形象起着十分重要的作用，女孩们更是对自身发型的关注度越来越高。 本书介绍了网络人气造型达人 RUMI 的各类时尚发型，从最基本的，盘发、鱼骨辫、麻花辫开始，到打造整体造型的日常简单编发和赴约专用华丽发型，配合模特的整体展示，从服装、妆容和饰品等方面给读者以启发。

本书适合学生、白领和造型师等阅读。

◆ 著　［日］土田瑠美（RUMI）
译　张晶晶
责任编辑　李天骄
责任印制　周昇亮
◆ 人民邮电出版社出版发行　北京市丰台区成寿寺路 11 号
邮编　100164　电子邮件　315@ptpress.com.cn
网址　http://www.ptpress.com.cn
北京顺诚彩色印刷有限公司印刷
◆ 开本：787×1092　1/20
印张：6　　2017 年 3 月第 1 版
字数：147 千字　　2017 年 3 月北京第 1 次印刷
著作权合同登记号　图字：01-2016-5842 号

定价：49.80 元

读者服务热线：(010)81055296　印装质量热线：(010)81055316
反盗版热线：(010)81055315
广告经营许可证：京东工商广字第 8052 号